TURING 图灵原创

U0683942

这就是
AI智能体
AI Agent入门

张梓铭（@北茗）—— 著

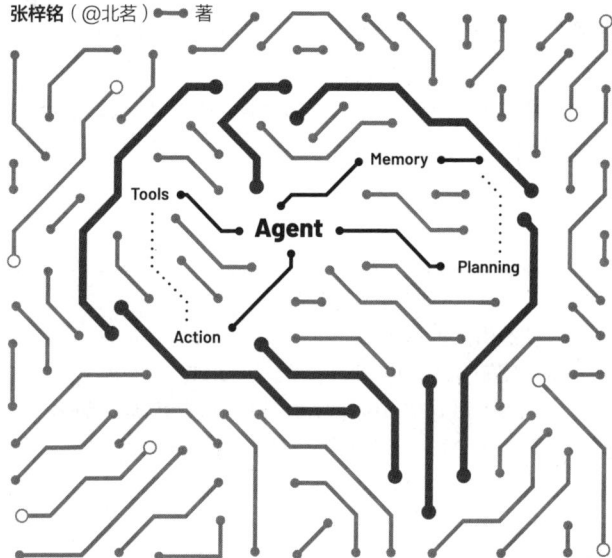

人民邮电出版社

北　京

图书在版编目（CIP）数据

这就是 AI 智能体：AI Agent 入门 / 张梓铭著.
北京：人民邮电出版社，2025. --（图灵原创）.
ISBN 978-7-115-67064-9

Ⅰ．TP18

中国国家版本馆 CIP 数据核字第 20251EB342 号

内 容 提 要

　　本书从多个角度全面介绍基于大模型的智能体技术，内容涵盖智能体的基础知识、发展历史、技术架构、项目实践、应用场景及未来趋势，旨在为读者提供一站式学习资源。书中不仅有深入浅出的理论讲解，还包含丰富的实战项目案例，帮助读者从零开始，逐步掌握 AI 智能体的核心技术与应用技能，同时培养创新思维和实际操作能力。

　　本书适合从事 AI、大模型、智能体方向的开发人员，以及所有对 AI 智能体感兴趣的人阅读。

　◆　著　　　　张梓铭（@北茗）
　　　责任编辑　王军花
　　　责任印制　胡　南
　◆　人民邮电出版社出版发行　　北京市丰台区成寿寺路11号
　　　邮编　100164　电子邮件　315@ptpress.com.cn
　　　网址　https://www.ptpress.com.cn
　　　涿州市京南印刷厂印刷
　◆　开本：880×1230　1/32
　　　印张：7.25　　　　　　　　　2025 年 7 月第 1 版
　　　字数：189 千字　　　　　　　2025 年 7 月河北第 1 次印刷

定价：59.80元
读者服务热线：(010)84084456-6009　印装质量热线：(010)81055316
反盗版热线：(010)81055315

前言　初探智能体

——智能体就像人类的身体

写作背景

　　智能体技术的发展可谓日新月异，特别是在大模型的赋能下，智能体已经突破了传统 AI 助手的局限性，具备更强的自主决策和任务执行能力。从智能客服、自动化办公到智能机器人，AI 智能体正在重塑各个领域的工作方式。同时，人工智能教育的普及趋势日益明显，越来越多的人希望了解并掌握 AI 智能体的相关知识，以在未来的科技浪潮中占据一席之地。

　　然而，目前市面上关于 AI 智能体的图书数量较少，而且多偏向纯技术讲解，对入门者不够友好，零基础读者难以理解。此外，部分图书内容已经过时，未能涵盖最新的技术进展和实践案例，导致读者无法学到前沿的内容。市场对于既系统全面又实用的 AI 智能体图书有着强烈的需求。本书正好填补了这一空白，既满足技术人员的深入学习需求，又能帮助零基础读者快速入门，因此，本书可作为高校教材、培训机构教程或自学参考书来使用。

本书内容和特色

　　本书从多个角度全面介绍基于 AI 大模型的智能体技术，内容涵盖基础概念、发展历程、技术架构、项目实践、应用场景及未来趋势。书中不仅有深入浅出的理论讲解，还包含丰富的实战项目案例，帮助读者从零基础开始，逐步掌握 AI 智能体的核心技术与应用技能。本书有四大特色。

- **系统性与全面性**：涵盖 AI 智能体的理论、架构、应用及未来趋势，帮助读者构建完整的知识体系。
- **实战导向**：通过多个实战项目案例，帮助读者将理论知识转化为实际操作技能。
- **适合不同层次的读者**：既适用于零基础入门者，也适合有一定技术背景的读者深入学习。
- **可视化图表**：本书有丰富的可视化图表，使读者可以更好地理解和实践。

读者对象

本书适合以下几种类型的读者阅读。

- **零基础读者**：对人工智能感兴趣，希望快速了解 AI 智能体的读者。
- **技术开发者**：希望深入了解智能体架构、开发流程及项目实践的工程师。
- **高校师生**：人工智能、计算机科学等领域的教学与研究人员。
- **AI 行业从业者**：关注智能体技术在不同行业的应用，寻求企业智能化转型的读者。

配套资源

为了帮助读者更好地学习和实践，本书提供了一系列配套资源。

- ❑ **思维导图**：帮助读者构建完整的知识框架，提高理解和记忆效率。
- ❑ **项目实践**：提供完整的代码示例和项目案例，帮助读者进行动手实操。
- ❑ **在线学习社区**：建立读者交流群，提供学习交流与答疑解惑的平台。

重要的智能体

微软创始人比尔·盖茨曾经说过，智能体不仅会改变每个人与计算机交互的方式，还将颠覆软件行业，带来从输入命令到点击图标以来最大的计算革命。

AI 智能体也是 OpenAI 重点布局的下一个方向，这是通往 AGI（Artificial General Intelligence，通用人工智能）的关键一步。在一次公开活动上，OpenAI 联合创始人曾表示，相比模型训练方法，OpenAI 内部目前更关注智能体领域的变化，每当有新的 AI 智能体论文发表时，OpenAI 内部都会很兴奋并且认真地讨论。

自从 2022 年 11 月 30 日 OpenAI 的革命性产品 ChatGPT 问世以来，人工智能和智能体领域迎来了前所未有的高速发展。在此波澜壮阔的创新浪潮中，2023 年 11 月 7 日尤其值得关注。那一天，OpenAI 推出了 GPTs，这个创新的平台让普通用户通过简单的界面就可以创建和定制自己的 GPT 智能体，无须具备任何编程技能。这一突破性的设计不仅简化了人工智能的应用流程，更为构建一个全新的智能体生态系统奠定了基础。

GPT Store 开启了一个激动人心的新时代：每个人都能利用自然语言处理技术开发软件，而无须深入繁复的技术细节。想象一下，拥有个性化的专属私人助理，不再是科幻电影中的情节，而是现实生活的常态。用户可以像浏览网上商店那样，轻松地在 GPT Store 中浏览、选择并下载自己喜欢的智能助手。这些智能助手能够在多个领域提供帮助，从家庭管理到财务规划，再到健康监测等，每个人都可以根据自己的需求和喜好，定制一个最适合自己的智能伴侣。

智能体正引领着一场从简单自动化到深度智能化的革命。未来，随着技术的不断进步和应用领域的不断扩大，智能体将在更多领域展现其不可替代的价值。它们不仅仅是工具，更是推动社会进步的重要力量。对于每一个具有前瞻性思维的思考者和创新者而言，理解并掌握智能体技术都将是迈向未来的关键一步。

初探智能体

在这个科技日新月异的时代，人工智能已经成为我们生活中不可或缺的一部分。智能体（Agent），作为人工智能领域的一个关键方向，越来越多地被集成到各种系统和设备中，用来模拟人类的决策过程，以及与虚拟世界或现实世界进行交互。

对于没有技术背景的人来说，智能体的工作原理可能既复杂又抽象。但是不要担心，我们会用生动、直观的方式让大家对智能体有一个基本的初印象——将智能体比作人类的身体。

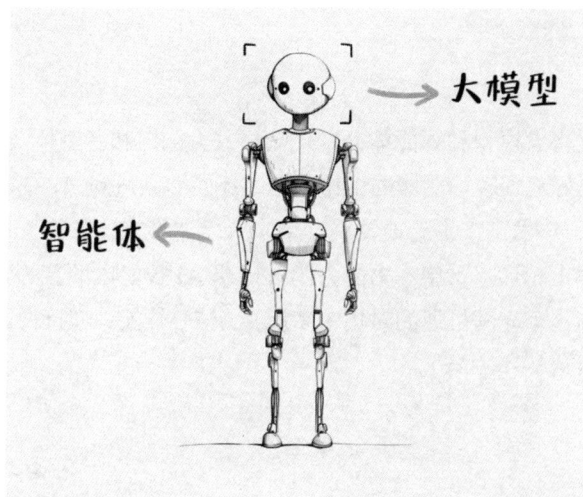

大模型如同人类大脑一般，负责知识的沉淀与思维的跃动。这种能力更接近于《思考，快与慢》中所描述的"系统 1"——快速但缺乏深度规划。单靠一个大脑并不能构成真正的"人"，正如仅有知识但缺乏行动力的个体无法真正影响世界。

而 AI 智能体则像被赋予生命的"人类"。它以大模型"大脑"为核心，不仅具备认知能力，还能感知环境、做出决策、执行任务，并不断优化自身的行为模式。这让智能体可以将抽象的智慧转化为具象的实践。例如，大模型可以回答"如何策划一场旅行"，而智能体同时可以去落实旅行规划中的实际动作，去买机票、订酒店等。

试想一下，一个人的智慧不仅仅来源于他的记忆和知识库，更重要的是他的行为、判断、社交互动，以及在环境中的自我调节能力。同样，智能体的价值并不止于对文本的理解或数据的分析，而在于它能像人类一样主动规划任务，协调资源，甚至在复杂情境中做出权衡与决策。智能体如今已经被应用于金融、医疗、自动驾驶、科研等众多领域，并展现出惊人的潜力。

结语

通过将大模型和智能体分别比喻成"大脑"和"身体",我们不仅能够更好地理解智能体的工作原理,还能够领略到 AI 技术的强大潜力。AI 技术正在不断地发展,未来智能体将在模仿甚至超越人类的路上越走越远。希望本书能为读者打开 AI 智能体世界的大门,帮助大家在这个充满机遇的时代中掌握 AI 核心技能,迎接智能时代的挑战与机遇!

目　　录

第1章 智能体简介
——智能体到底是什么

当你听到"智能体"这个词时，脑海中或许会浮现出机器人的形象，但实际上，智能体的概念要更加广泛。智能体不仅包括传统的硬件设备，也包括各种能够感知环境并做出决策的软件系统。无论是手机上的语音助手，还是自动驾驶汽车，它们的本质都是智能体。

接下来，我们将介绍智能体的具体定义、基本能力、运行机制、与大模型的区别和常见智能体类型。阅读完本章，你脑海中的智能体概念会变得更加清晰。

1.1 智能体的定义

首先，我们来看一下百度百科对智能体的定义：

"智能体（Agent）是指能够感知环境并采取行动以实现特定目标的代理体。它可以是软件、硬件或一个系统，具备自主性、适应性和交互能力。智能体通过感知环境中的变化（如通过传感器或数据输入），根据自身学习到的知识和算法进行判断和决策，进而执行动作以影响环境或达到预定的目标。智能体在人工智能领域广泛应用，常见于自动化系统、机器人、虚拟助手和游戏角色等，其核心在于能够自主学习和持续进化，以更好地完成任务和适应复杂环境。"

看完是不是感觉有点儿懵？我们来详细解释一下。这个定义从运行机制、形态、特征和应用这四个角度介绍了智能体。

- **运行机制**：类似于人类，智能体能观察周围环境、理解信息，并采取行动来完成任务。
- **形态**：智能体不一定是单一的形态。它可以是虚拟的，也可以是有物理形态的。可以是软件（例如聊天机器人程序）、硬件（例如人形机器人）或者软硬件结合的系统（例如工业自动化系统）。
- **特征**：定义中提到了自主性、适应性和交互能力这三个特征。这些特征让智能体区别于普通 AI 模型，也是代表更高智能化水平的关键特征。
- **应用**：智能体在现实中的应用越来越广泛。大模型的出现，让智能体几乎可以应用到各行各业，以及日常生活的方方面面。

1.2　智能体的基本能力

根据智能体的定义，我们可以总结智能体具备的基本能力，如图 1.1 所示。

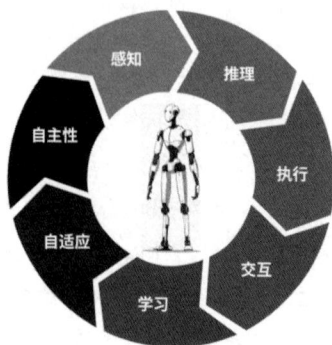

图 1.1　智能体具备的能力

❏ **感知**：智能体可以通过数据输入、互联网接入的数据流，或者视觉、听觉、触觉传感器来感知周围环境，这是智能体操作的基础，也是其与世界互动的第一步。例如，自动驾驶汽车使用雷达和摄像头"看见"路上的其他车辆、行人和交通标志，从而了解自己的行驶环境。

❏ **推理**：通过使用与推理相关的算法来分析感知到的数据，从而进行决策并实现目标。例如，保姆机器人在照顾小朋友时，会分析家里的情况，比如餐具的位置、小朋友的活动轨迹，然后决定是否需要把餐盘放回厨房，或者是否需要提醒小朋友玩耍的时间结束了。

❏ **执行**：智能体需要执行具体的动作来完成其任务。智能体的行为非常多样，从简单的机械动作（如机器人的手臂移动）到复杂的数据操作（如自动软件更新）。无论是保姆机器人把餐盘放回厨房，还是自动驾驶汽车调整速度和方向，都是智能体为了实现目标而采取的实际行动。它们能够根据感知到的信息和推理出的决策，精准地执行任务。

❏ **交互**：智能体通过与人类或其他智能体互动甚至合作来完成任务。例如，我们与语音助手对话，它可以回答我们的问题，还可以通过与其他智能体合作来完成播放音乐、设置提醒等更加复杂的任务。这种互动让智能体更加贴近我们的生活，成为我们日常生活中的小助手。

❏ **学习**：通过机器学习、深度学习和强化学习等技术，智能体可以从经验中学习并优化自身行为，从而适应环境或实现更好的个性化体验。例如，一个智能推荐系统会根据用户的浏览和购买历史，推荐更符合用户喜好的商品。

❏ **自适应**：智能体可以适应不断变化的环境和任务需求。例如，一个智能温控系统可以根据季节变化、天气预报和用户的日常作息习惯，自动调整室内温度，保持居住环境的舒适性。

❏ **自主性**：智能体具有独立思考能力，能够在没有人类干预的情况下，自主做出决策。例如，一台自动清扫机器人能够自主规划清扫路线，避开障碍物，并在电量不足时自动回到充电座充电。这种自主性让智能体能够在复杂的环境中独立运行，提升了它们的效率和实用性。

我们可以看到，智能体可以具有多种能力，并可以将多种能力组合成复杂的工作流来解决复杂多变的任务。它们不仅能够感知环境、分析数据、采取行动，还能不断学习和适应变化，与人类和其他智能体互动，并在需要时独立做出决策。这些能力使得智能体在各个领域中都能发挥重要作用，从家居生活到工业生产，再到医疗健康和交通运输，智能体在各个领域的应用前景都是无限广阔的。

1.3　感知-执行机制

智能体的运行遵循"感知-执行机制"。这一机制涵盖了智能体从其所处环境中获取信息，并根据这些信息执行相应动作的整个过程，这与我们人类的思考和行动过程颇为相似。感知和行动是构成智能体自主性的基石，直接影响到智能体的智能水平和任务执行效率。

智能体通过与环境的持续交互并根据反馈进行自我调整，逐步提升其性能和任务处理能力。这一过程与人类通过经验学习和试错不断提高自己技能的方式极为相似，显示了 AI 技术在模拟和扩展人类行为方面的独特能力。这种动态的、自我优化的能力，不仅让智能体在执行复杂任务时更加高效，也使其在面对新的挑战时能够快速适应和进步。

1. 感知过程

具体来说，感知是智能体理解其周围环境的基础。它开始于数据的收集，这些数据可以通过多种方式获得，包括使用摄像头、麦克风、触摸传感器等传感设备，或者通过 API 和数据库查询获得。收集的数据本身是原始的，需要进行一些处理，智能体才能够"理解"。例如，在获取网页数据之后，通常需要将没有任何语义的 HTML 代码去除掉。但感知过程不止如此，它还包括对这些数据的持续监控，以便智能体能实时了解并适应环境的变化。这种从数据收集到处理再到监控的连贯流程，使得智能体在复杂多变的环境中，能够做出精准的反应和决策，展示出它们的智能与适应能力。

2. 执行过程

智能体的执行过程如图 1.2 所示，始于通过其感知机制收集的数据。这些数据帮助智能体形成决策，这些决策可能基于简单的规则或复杂的机器学习模型做出，具体取决于智能体需要解决的特定问题和任务的复杂性。一旦决策形成，智能体就会执行相应的动作，这些动作可能是物理性的，如机器人调整位置或操纵物体，也可能是虚拟的，如自动聊天智能体生成回答文本。重要的是，每一个动作都会在其环境中产生影响，这些影响随后通过智能体的感知机制被捕捉和分析，形成一个持续的反馈循环。这个循环使得智能体能够不断调整自身行为，以优化性能并更好地适应其操作环境。这种动态的感知、决策和动作的交互过程体现了智能体适应不断变化环境的能力。

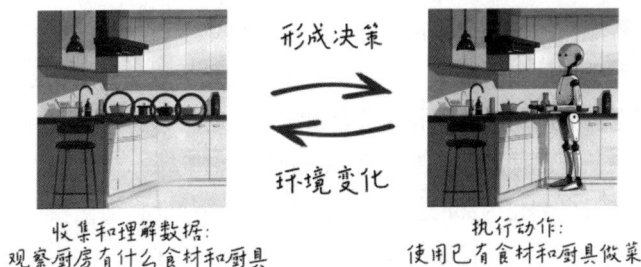

图 1.2　智能体的执行过程

> **示例**
>
> 举一个简单的例子，如果一个保姆机器人想要做一顿丰盛的美食，那么它首先需要去厨房观察有什么食材和厨具（感知过程），然后根据已有食材和厨具决定做什么菜，并开始行动（执行过程）。做菜的整个过程都存在着环境的动态变化，这会反过来影响机器人的感知和执行。

1.4 智能体与大模型

AI 大模型可以理解为智能体运行的"核心引擎"，赋予了智能体文本理解、文本生成、视觉识别、情感分析等多种基础能力。这些核心的基础能力为智能体的推理、决策、交互、数据处理和分析等更加复杂的操作提供了全面的支持。

智能体和大模型在与人类交互和自主性方面有很大的不同。

大模型，如今广泛用于各种应用，主要依赖于我们提供的指令或提示词（prompt）来进行交互。这种交互方式的效果很大程度上取决于提示词的清晰度和具体性。一个明确、具体的提示词往往能引导大模型生成更精确、更相关的回答。

而智能体展现了更高的自主性。一旦设定了目标，智能体能够独立思考和计划如何实现这一目标。它不仅仅是响应外部的命令，而是能够根据任务的需求自行拟定步骤和策略。通过感知环境和持续从中得到反馈，智能体能够不断调整和改进其行动方案。在这个过程中，智能体本身会创建内部的提示词，这些提示词帮助它细化和实施其策略，最终实现设定的目标。这种能力使得智能体在执行复杂和多步骤任务时，显示出比大模型更大的灵活性和更强的适应性。

这样的差别不仅揭示了两者在技术实现上的差异，也强调了智能体在独立操作和处理复杂交互场景中的独特优势。

1.5 智能体的类型

根据复杂性和应用的不同，智能体可以分为五大类。从最简单的基于规则的智能体到具备学习能力的智能体，每一种智能体都有其独特的功能和适用场景。

1. 基于规则的智能体

基于规则的智能体，是智能体中最初级的形式，它们仅依赖当前的感知数据来做出反应，如图 1.3 所示。这种智能体不具备记忆功能，也无法与其他智能体进行交互。它们通过一套固定的规则（或称为反射机制）来操作，只有当特定条件满足时，智能体才会执行相应的动作。

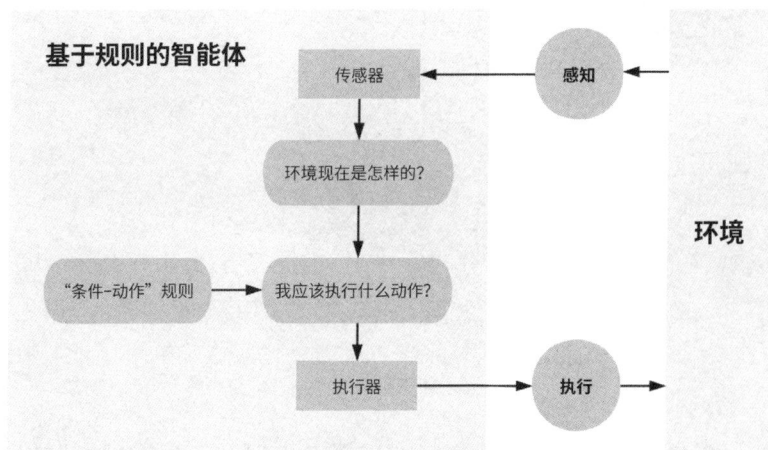

图 1.3 基于规则的智能体

例如，有些智能家居系统需要提前设置规则，比如每晚八点准时自动开灯、开灯后自动拉上窗帘，等等。这种基于规则的系统实际上并不"智能"，比如不能根据主人回家的时间来自动开灯。

2. 基于模型的智能体

这类智能体除了基于当前的感知数据来做出反应外，还维护了一个内部模型，并根据新的信息更新这个模型，如图 1.4 所示。这使得它们能够在部分可观测且不断变化的环境中运行，它比基于规则的智能体具有更强的适应性。

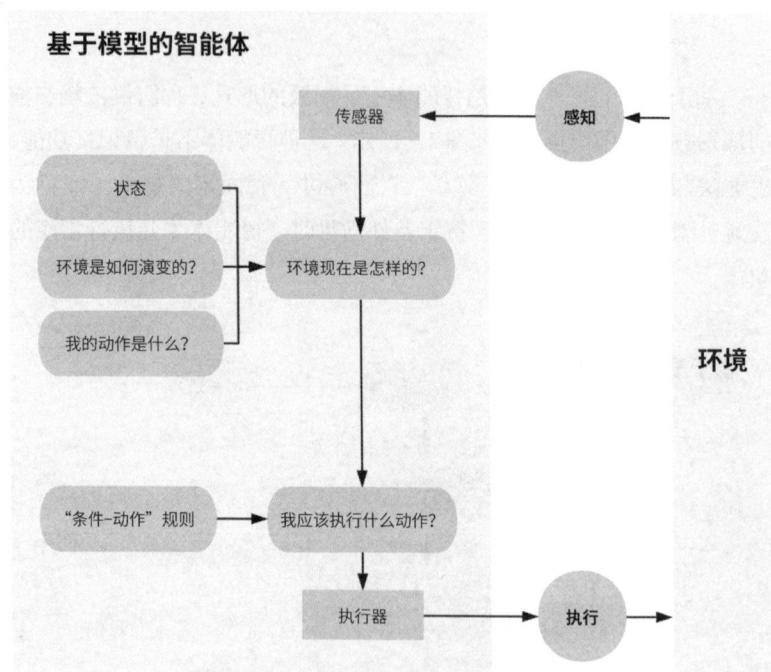

图 1.4　基于模型的智能体

例如，一个具有导航功能的家庭清洁机器人，它在清扫过程中不仅能感知到家具等障碍物，还会记住已经清洁过的区域，避免重复清扫。

3. 基于目标的智能体

基于目标的智能体拥有更高级的功能，它们不仅有内部模型，还设定了明确的目标，如图 1.5 所示。这类智能体通过规划和搜索最佳动作序列来实现其目标。

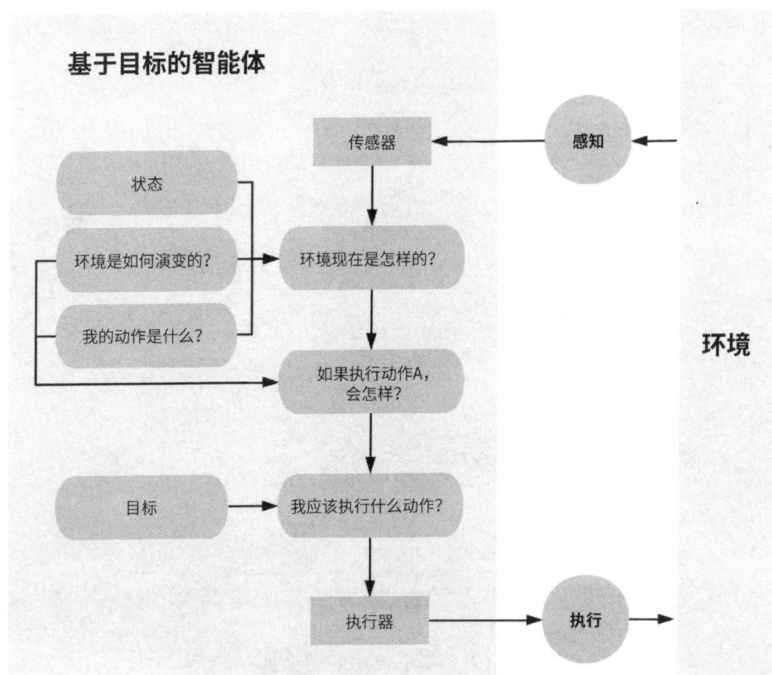

图 1.5　基于目标的智能体

例如，一个智能导航系统可能会评估能够到达目的地的多条路线，然后选择其中最快的一条。

4. 基于效用的智能体

基于效用的智能体在追求目标的同时，还会尝试最大化所谓的"效用"或"奖励"，如图 1.6 所示。这类智能体通过一个效用函数来评估每个行动方案的价值，从而选择预期效用最高的行动序列。

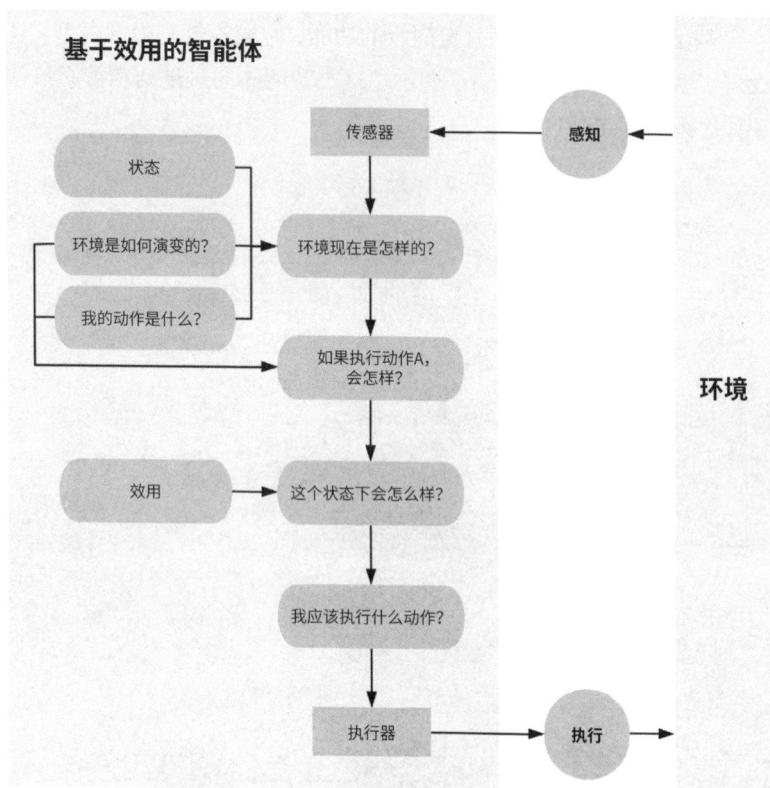

图 1.6　基于效用的智能体

例如，某些高级车载导航系统会考虑路线的燃料效率、交通拥堵情况及过路费，以推荐最优路线。

5. 学习型智能体

学习型智能体是最先进的一类智能体，它们在具备上述智能体的所有能力的基础上，还能通过经验不断学习和适应，如图 1.7 所示。这些智能体通过与环境的互动收集数据，并利用这些数据来优化其决策过程和行为模式。

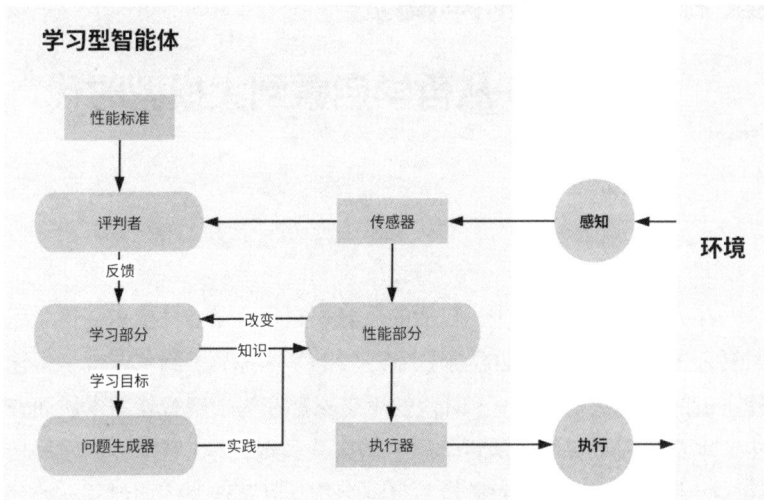

学习型智能体

图 1.7 学习型智能体

例如，个性化推荐系统，如电商平台上的购物推荐，它根据用户的历史行为和偏好，不断调整推荐算法以提高推荐准确率和用户满意度。

1.6 结语

通过本章的介绍，你应该已经对智能体有了一个初步的了解，并能够看到它们在推动社会进步和技术创新中的潜力。智能体不仅仅是科幻小说中的概念，它们也是现实世界中的变革者，未来将与我们一起创造更加智能的生活方式。

第 2 章　智能体简史

——从哲学启蒙到大模型时代

在人类历史的长河中，智能的概念一直是哲学、科技和文化交织的复杂主题。从古希腊哲学家探索逻辑的基本原则，到东方哲学家诠释宇宙的自然法则，每一个时代的思想家都在为理解智能的本质而奋斗。本章梳理了智能体从哲学思想的启蒙到现代 AI 智能体的发展历程，探索这一跨越千年的科技与思想之旅，以及智能体如何从纯粹的概念演变为今日我们所依赖的复杂系统。

2.1　阶段一：哲学思想的启蒙

1. 古希腊：理性的光芒

智能体的理论基础具有深远且多元的历史渊源，可以追溯到古希腊哲学的启蒙时期，当时的思想家们对理性、逻辑和思维的本质进行了初步的探讨和研究。这一时期，人类对于智能的理解和模拟，以及对自动化机制的想象，为今天人工智能技术的发展奠定了哲学和逻辑上的基础。

亚里士多德，古希腊哲学的杰出代表，他的思想和理论对后世尤其是西方的科学和哲学产生了深远的影响。他首次系统地提出了逻辑理论，特别是著名的三段论法，这是一种通过前提推导出结论的逻辑结构。三段论的基本形式包括两个前提和一个结论，例如：“所有人都是凡人（大前提）；苏格拉底是人（小前提）；因此，苏格拉底是凡人（结论）。"这种逻辑推理的方法论不仅奠定了西方逻辑学的基础，也为后来计算机算法的发展，尤其是程序设计和数据处理中的逻辑推理提供了方法上的启示。

除此之外，亚里士多德还提出了范畴论，这是一种对事物进行系统分类和解析的理论框架。在范畴论中，亚里士多德试图通过定义事物的本质属性和关系来理解世界的结构。这种系统的分类方法为模拟智能行为提供了理论支持，因为人工智能在处理复杂任务时，往往需要对大量数据和信息进行有效的分类和解析。

在亚里士多德思想的影响下，哲学家赫拉克利特提出了"自动机"的概念，这是指能够自动执行任务的机械或装置。赫拉克利特关于自动机的思想不仅展示了古人对自动化和智能化设备的早期想象，也预示了 AI 技术的可能性。这种通过机械手段实现智能行为的设想，为后来机器人学和人工智能的发展提供了原始的理念来源。

2. 东方智慧：老子的自然法则

在探讨智能体的理论基础时，东方哲学的贡献同样不容忽视。特别是在中国古代哲学文献《道德经》中，老子提出的思想不仅深邃而富有哲理，也为现代人工智能的一些核心概念提供了思想上的对应和启发。

老子的哲学核心之一是"道生一，一生二，二生三，三生万物"。这句话精练地描述了从无到有，从一到多的自然演化过程。在这里，"道"可以被理解为宇宙中最根本的法则和原则，是一切存在的起源；"一"代表宇宙的初始状态，是一种纯粹的、未分化的统一性状态；"二"代表对立和分化，如阴阳、动静、软硬等；"三"象征着由对立产生的第三种状态，是更复杂的存在形式；"万物"则是指由这些基本的对立和综合进一步演化出的复杂多样的世界。

这种由简到繁的自然演化哲学，与现代 AI 中的自适应系统和环境交互的理念颇为相似。在人工智能领域，自适应系统是指那些能够根据环境的变化自我调整和优化行为的系统。这种系统在与环境的交互中逐步学习和适应，通过不断地迭代来优化其决策和行为模式，以达到更好的性能或更适应的状态。

例如，一个自适应的机器学习模型可能开始时只有简单的输入和输出，但随着时间的推移和数据的积累，它能够学习到更多的规律和特征（从"一"生"二"），进而能够处理更复杂的任务和做出更复杂的决策（"二"生"三"），最终能够在多变的环境中有效地工作（"三"生"万物"）。这种模型不仅反映了老子所说的自然演化过程，也体现了 AI 系统与环境之间复杂的相互作用和适应机制。

此外，老子在《道德经》中对"无为而治"的提倡，也与现代技术中追求最少干预以达到最优效果的设计哲学相呼应。在 AI 设计中，经常强调让系统尽可能地自主学习和自我调节，减少外部的干预和控制，以达到一种更自然、更高效的运作状态。

3. 启蒙时代：机器与思维的初次对话

进入 17 世纪，科学革命如同一股春风，席卷欧洲大陆，激发了人们对世界和人类自身理解的全新追求。在这一时期，数学和科学的进步，尤其是哲学的深刻变革，为后来的技术革命和理论发展打下了坚实的基础。

笛卡儿，现代哲学之父，他的思想深深植根于理性主义。他提出，只有通过怀疑和系统的思考，才能达到真理的确证。在这一框架下，他的"我思故我在"主张成了对人类自我认知和理性思维的强有力证明。更重要的是，笛卡儿提出了身体和精神的二元论，他将身体比作机械，而将思维和意识视为非物质的，独立于身体存在的。这种观点推动了后来关于机械能否模拟人类思维的广泛讨论。

笛卡儿设想的机械思维虽然并不成熟，但影响深远。他设想，如果机械能够通过某种方式模拟人类的思维过程，那么这样的机械将能够执行复杂的任务和做出决策，从而预示人工智能的可能性。这一观点为后来的智能体理论提供了思想基础，尤其是在智能行为的模拟和计算机与人类思维相似性的探索上。

到了 18 世纪，随着启蒙运动的兴起，思想家们开始更加深入地探索人类智能及其模拟的可能性。法国的启蒙思想家丹尼斯·狄德罗在这一讨论中扮演了重要角色。狄德罗通过提出"如果鹦鹉能回答每个问题，就可以被认为是聪明的"（参见图 2.1）这一假设，挑战了对智能的传统理解。这个观点不仅仅是对语言和交流能力的考量，更是对智能本质的探索。狄德罗的这一思想强调了行为的外在表现与内在智能之间的关联，暗示了智能不仅仅是对信息的处理和输出，还包括对信息的理解和反应能力。

图 2.1　如果鹦鹉能回答每个问题，就可以被认为是聪明的

狄德罗的这一观点预示了智能测试的未来方向，即不仅仅关注行为的正确性，更关注行为背后的思考过程和逻辑推理能力。这种对智能深层次理解的探索，为后来的图灵测试等智能评估方法提供了理论基础，同时也推动了对机器智能中"理解"能力的研究，即机器不仅要能回答问题，更要在某种程度上理解问题的意义。

从古希腊哲学家对逻辑和理性的初步探索，到东方哲学中对自然演化的理解，再到启蒙时代对机械模拟人类思维可能性的推敲，每一步都显著地推进了我们对智能本质的认识。这一连串的思想发展不仅推动了哲学和科学的交融，也为现代人工智能的理论和实践奠定了深厚的基础。

2.2　阶段二：早期概念和技术的探索

1. 20 世纪初的理论基础

随着 20 世纪的到来，科技迅猛发展，对智能的探索也逐渐超越了传统的哲学和逻辑学领域，拓展到了更加实证和技术驱动的领域。

1921 年，捷克作家卡雷尔·恰佩克的剧本《罗素姆万能机器人》（R.U.R.，*Rossum's Universal Robots*）首次向世界介绍了"机器人"这一概念。在剧本中，恰佩克描述了一个由人造生物构成的未来世界，这些生物被设计来为人类服务，但最终引发了一系列道德和社会问题。通过这一作品，恰佩克不仅创造了"机器人"这个词，更引发了公众对于机械化智能及其潜在影响的广泛兴趣和讨论。这一文化现象为后来机器人技术的发展提供了丰富的想象基础和文化背景，使得机器人技术不仅仅是科技进步的产物，也成了探讨人类、伦理和社会的一个重要媒介。

1936 年，英国数学家艾伦·图灵的划时代工作进一步推动了对机械智能的科学探索。图灵提出了"图灵机"的概念，这是一种抽象的计算模型，用于定义什么是可计算的，如图 2.2 所示。图灵机模型包括一根无限长的纸带，纸带上分成一个个格子，每格可以写入一个符号；一个读写头，可以读取和写入符号并在纸带上左右移动；一套规则，控制读写头的操作。这一模型的提出，不仅定义了计算过程的本质，也奠定了现代计算机和算法理论的基础。图灵机的概念表明，任何可计算的问题都可以通过一系列机械步骤来解决，这一点对后来的计算机编程和人工智能算法的发展具有决定性的影响。

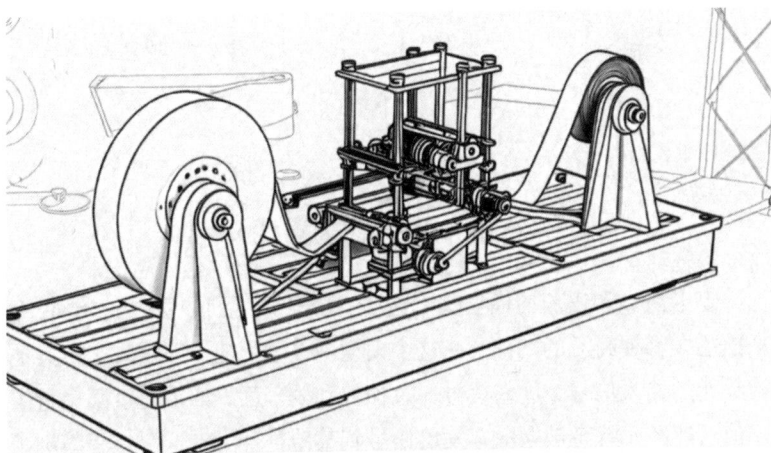

图 2.2 "图灵机"模型

2. 神经网络的早期尝试

1943 年，神经生理学家沃伦·麦卡洛克和数学家沃尔特·皮茨共同发布了一项开创性研究，首次提出了简化的神经网络模型。这一模型被称为麦卡洛克-皮茨神经元（McCulloch-Pitts neuron），如图 2.3 所示，它标志着人类历史上第一次使用计算模型来模拟大脑的神经活动，为后续数十年关于计算模拟人类思维过程的研究开辟了道路。

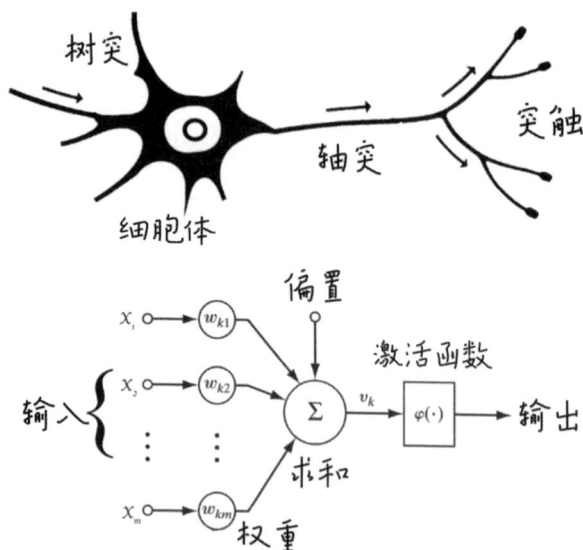

图 2.3　神经细胞结构和"麦卡洛克-皮茨神经元"

　　麦卡洛克和皮茨的模型基于这样一个概念：可以用一种数学模型来描述大脑神经元的功能。在这个模型中，每个神经元接收来自其他神经元的输入信号，这些信号通过加权和处理后，如果超过某个特定阈值，神经元就会被激活，发出信号到其他神经元。这个过程模拟了生物神经元的"兴奋"与"抑制"机制，即神经元如何根据接收到的电信号决定是否向其他神经元传递信息。

　　麦卡洛克和皮茨的模型非常原始，主要是因为它仅能实现线性分隔功能，而且没有考虑神经元间复杂的动态相互作用和长时间的依赖关系，但它提供了一个极其重要的启示，即大脑的复杂功能，如思维和记忆，理论上可以通过简化的数学和逻辑结构来模拟。这一发现极大地激发了计算神经科学和人工智能领域的研究热情，为后来的神经网络理论和机器学习算法的发展奠定了基础。

3. 图灵测试与早期实验

1950 年，艾伦·图灵提出了一个划时代的思想实验，即后来广为人知的图灵测试，如图 2.4 所示。这个测试旨在回答一个基本问题："机器能思考吗？"图灵测试的核心是一个"模拟游戏"，有一台机器、一个人类测试者和一个询问者参与。询问者位于一个隔离的房间内，通过某种通信方式（如打字）向另外两个参与者提问，他必须仅凭回答来判断哪个是人，哪个是机器。如果询问者无法一致地区分出机器和人，那么机器就被视为通过了图灵测试，即表现出了与人类相似的智能水平。

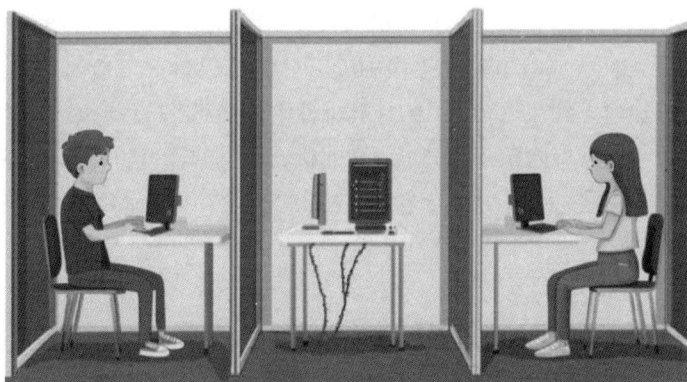

图 2.4　图灵测试

图灵测试不仅挑战了传统上对智能的定义，即智能不再仅仅被视为生物体的属性，也为机器智能提供了一个实际的衡量标准。这一思想实验极大地激发了公众和科学界对于机器是否能够展示人类水平智能的讨论，并在心理学、哲学和计算机科学等多个学科中引起了广泛的兴趣和研究。

图灵测试的提出，不仅在理论上具有开创性，它还推动了人工智能领域的实际应用探索。在这个背景下，1956 年，计算机科学的早期先驱赫伯特·西蒙和艾伦·纽厄尔开发了"逻辑理论家"程序，这是第一个能够执行数学证明的计算机程序。该程序使用了一种称为"信息处理语言"（IPL）的早期编程语言，并在它的能力范围内模拟了人类的问题解决技能。

逻辑理论家程序成功地证明了几个数学定理，显示出了计算机在处理逻辑推理任务方面的潜力。西蒙和纽厄尔的这一成就不仅展示了计算机的潜在能力，更为人工智能的进一步发展奠定了实践基础。它证明了计算机不仅能执行简单的算术运算，还能进行复杂的思维过程，如证明定理等，这些通常被认为是需要高级智能的活动。

随着这些早期概念和技术的探索，人工智能领域在 20 世纪中叶确立了其科学基础和实际应用的初步框架。从卡雷尔·恰佩克的"机器人"概念，到艾伦·图灵的计算机理论，再到逻辑理论家程序的开发，每一个发展阶段都推进了对智能机器潜能的认识和利用。这些进展不仅引领了后续的技术革新，也对社会观念和科学研究产生了深远影响。

2.3　阶段三：人工智能的诞生

1. 人工智能诞生

1956 年，在达特茅斯学院举行的一个夏季研讨会上，约翰·麦卡锡（John McCarthy）与其他几位先驱共同提出了"人工智能"（Artificial Intelligence）这一术语。这个研讨会汇集了来自不同学科的专家，包括马文·明斯基（Marvin Minsky）、纳撒尼尔·罗切斯特（Nathaniel Rochester）和克劳德·香农（Claude Shannon），他们的共同目标是探索和扩展机器智能的可能性。

这次会议的组织者，麦卡锡，是一个具有远见卓识的计算机科学家，他相信计算机不仅能够执行预定程序，还能展示出类似人类的智能行为。达特茅斯会议的提议文件中明确提出了一个宏大的目标：使机器能够使用语言，形成概念和抽象，解决其面前的问题，以至于在不久的将来，人类的直接介入将不再是必需的。这个构想定义了人工智能的研究范畴，将其从纯粹的计算机程序设计和逻辑运算领域中独立出来，确立为一个跨学科的科学领域。

达特茅斯会议是人工智能历史上的一个里程碑，因为它首次系统地提出了通过计算机模拟人类智能的各种方面——包括学习和自我改进、语言理解、问题解决等——的可能性和方法。这次会议不仅启发了参会者，也吸引了全球科学家和工程师的注意，激发了对人工智能潜能的广泛探索和投资。

在接下来的几十年中，达特茅斯会议的影响逐渐显现。它直接促进了人工智能第一波研究热潮的产生。在 20 世纪 60 年代和 70 年代初，人工智能领域取得了一系列突破，例如专家系统的开发和机器学习算法的初步形成。这些成就不仅验证了达特茅斯会议的远见，也为后续更加复杂的人工智能系统的开发奠定了基础。

此外，达特茅斯会议还帮助确定了人工智能研究的主要方法和目标，这些目标和方法直到今天仍在指导着该领域的研究。会议强调了模拟和增强人类认知功能的重要性，这在当前的 AI 研究中仍然是核心议题，涉及自然语言处理、机器视觉、机器人技术等领域。

2. 早期的符号智能体

在人工智能发展的初期，符号主义方法在研究和应用中占据了主导地位。这种方法基于符号逻辑的系统，通过使用预定义的逻辑规则和符号来表示和处理信息，模拟人类的推理过程。符号智能体的核心思想是，所有的知识都可以用抽象的符号形式来表示，并且通过逻辑推理的方式进行信息处理和决策制定。

符号智能系统依赖于精心设计的规则和符号，这些规则和符号被编码进系统中，以便机器可以用逻辑推理来解决特定问题。这种方法的一个显著优点是它的透明度和可解释性，因为决策过程基于明确的逻辑规则和符号操作，系统的行为和决策过程可以被开发者和用户清晰地理解。

20 世纪 70 年代，人工智能研究者开发了一系列基于知识的系统，其中最著名的例子是 MYCIN 系统，其架构如图 2.5 所示。这是一个专家系统，专门设计用于诊断和推荐治疗血液感染和某些类型的脑膜炎。MYCIN 通过利用一组复杂的规则来分析病人的症状、病史和实验室测试结果，然后提供潜在的诊断和治疗建议。该系统的核心是一个基于规则的推理引擎，这个引擎能够推导出关于患者状况的逻辑结论。

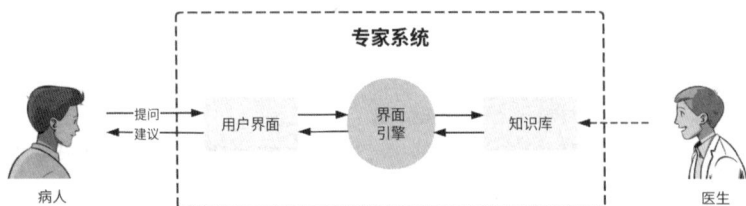

图 2.5　MYCIN 系统架构

因为对于医疗实践中的法律和伦理责任问题缺乏清晰的界定，所以 MYCIN 从未在临床实践中广泛使用过，但它在技术层面上展示了人工智能在处理复杂医疗诊断问题上的巨大潜力。MYCIN 在推动人工智能技术在医疗领域应用的探索方面具有里程碑意义，同时也为后来的人工智能系统，如诊断系统、决策支持系统等，提供了重要的设计和实现经验。

尽管符号智能体在早期取得了一定的成功，但它们在处理现实世界的不确定性和复杂性方面遇到了困难。现实世界问题的复杂性往往超出了事先定义的规则和逻辑的处理能力，尤其是在面对大规模数据和需要处理模糊、不完整信息的情境时。此外，符号系统往往需要大量的手工知识工程，即专家需要预先输入所有相关知识和规则，这在实践中是非常耗时且成本高昂的。

3. Wooldridge 和 Jennings 的定义

1995 年，AI 研究领域迎来了一个关键的理论发展。Wooldridge 和 Jennings 提出了智能体的现代定义，这一定义为理解和开发智能系统提供了一个清晰且具有指导意义的框架。这个定义着重描述了智能体的核心特性和行为准则，从而帮助科学家和工程师更好地设计和评估智能系统的性能。

Wooldridge 和 Jennings 定义的智能体是指"位于某个环境中，且能够在这个环境中自主行动，以实现其设计目标的实体"。这一定义强调了智能体的自主性和目标导向性，意味着这些智能体不仅能够执行给定的任务，而且能够根据环境的变化自主地做出反应和调整。这种定义将智能体区分于简单的自动化程序，后者通常只按预定程序行事，缺乏适应环境变化的能力。

更进一步，Wooldridge 和 Jennings 还强调了智能体应具备的四个基本属性：自主性、反应性、社会能力和主动性，这些属性共同定义了一个高级智能体的关键特征。

通过达特茅斯会议的定义和 Wooldridge 与 Jennings 对智能体的现代诠释，人工智能的旅程凸显了智能体系统设计的演变与深化。这些发展阶段不仅标志着技术的进步，还反映了对智能体功能和潜力的重新认识。从早期的符号处理到现代智能体的自主性、反应性、社交能力和主动性的综合体现，AI 领域正向着创建更为复杂、更具适应性和更能理解复杂人类社会互动的系统迈进。

2.4 阶段四：机器学习的发展

1. 机器学习的出现

20 世纪 80 年代，随着计算技术的显著进步和数据存储能力的大幅提升，人工智能研究迎来了一个新的发展阶段。这一时期，机器学习作为研究重心逐渐确立，标志着人工智能从依赖硬编码的规则向数据驱动的模型转变。这一转变不仅改变了 AI 的研究方向，还极大地扩展了其在各行各业中的应用前景。

在 20 世纪 80 年代的机器学习初期，一些关键技术开始受到研究界的青睐，其中包括决策树、神经网络和遗传算法等。

1986 年，反向传播算法被重新发现和推广，这一算法对神经网络的训练产生了革命性影响。反向传播使得信息在网络中不仅可以向前传递，还可以在遇到预测错误时向后传递，通过不断调整网络中的权重来最小化误差。这一机制显著提高了神经网络处理复杂、非线性问题的能力，使得深度学习成为可能。

这一时期，AI 的发展从依赖专家系统中的硬编码规则，转向使用算法从大量数据中自动学习和提取知识。这种从规则驱动到数据驱动的转变，为 AI 的应用提供了前所未有的灵活性和广度。数据驱动的方法不仅减少了对领域专家知识的依赖，还使 AI 系统能够适应更加动态和多变的环境。

2. 强化学习的应用

在机器学习领域内，强化学习（Reinforcement Learning，RL）逐

渐成为智能体领域中的一个重要和活跃的研究热点。强化学习的核心思想是通过与环境的持续交互，使得智能体能够自主学习并优化其行为策略，以实现长期累积奖励的最大化。

在强化学习模型中，智能体在一个定义好的环境中执行行为，并根据行为的结果获得奖励或惩罚。通过这种试错的方法，智能体学习如何调整其行为策略，以便在未来的决策中获取更高的奖励，如图 2.6 所示。这种学习和决策过程是动态的，依赖于智能体与环境的实时交互，这使得强化学习非常适合处理那些需要适应性和决策能力的复杂任务。

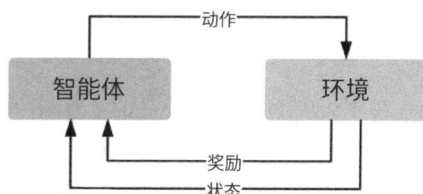

图 2.6　强化学习过程

强化学习的潜力在多个领域得到了验证，尤其是在复杂的游戏和模拟环境中。例如，DeepMind 的 AlphaGo 利用强化学习方法不仅学会了围棋游戏的基本策略，还通过自我对弈的方式不断优化策略，最终能够战胜世界级的围棋高手。此外，Deep Q-Network（DQN）通过结合深度学习与强化学习，成功地在多款 Atari 视频游戏中达到甚至超越人类玩家的表现，展示了强化学习在视觉输入和策略学习方面的强大能力。

尽管强化学习在理论和实验上取得了显著成就，其在现实世界应用中仍面临一系列挑战，例如：强化学习智能体通常需要大量的试验和错误来学习有效的策略，这在复杂的环境中可能导致训练时间过长；强化学习模型通常需要大量的数据才能达到稳定的学习效果，但在实际应用中,获取这些数据既昂贵又耗时;强化学习算法的稳定性和可靠性常受限于所选策略和环境的复杂性,小的变化或误差可能导致学习过程不稳定,甚至完全失败。

3. 迁移学习与元学习

在强化学习的应用中,智能体面临着训练效率和泛化能力的双重挑战。为了应对这些挑战,迁移学习和元学习这两种先进的学习概念被引入到智能体的训练策略中,旨在提高学习效率和适应不同任务的能力。

迁移学习是一种机器学习方法,它允许模型将从一个任务(源任务)中获得的知识迁移到另一个相关的任务(目标任务)上。这种方法的核心优势在于它可以显著加快新任务的学习过程,并提升智能体在新环境中的表现。例如,一个智能体在玩赛车游戏中学到的驾驶技巧可能部分适用于飞行模拟器,从而减少在飞行模拟器上从头开始学习所需的时间和资源。

迁移学习尤其适用于任务相似且共享许多共同特征的场景。然而,这种方法也有其局限性。当源任务和目标任务之间的差异过大时,直接迁移学到的知识可能不仅无助于新任务的学习,反而可能导致性能恶化,这种现象被称为"负迁移"。因此,确定何时以及如何迁移学习成了实施该策略时的关键问题。

元学习,又称为"学习如何学习",提供了一种使智能体能够快速适应新任务的能力,即通过以往的学习经验来优化学习过程本身。元学习的目标是开发出能够在面对未见过的任务时迅速调整其学习策略的 AI 系统。这通常通过训练一个元学习模型来实现,该模型在多种任务上进行训练,学习如何在新的或变化的任务中快速找到有效的解决方案。

元学习特别适用于数据稀缺的场合，因为它能够使智能体在少量数据上迅速进行学习和适应。例如，在医疗诊断领域，针对罕见病症的诊断常常缺乏足够的样本，而元学习可以使 AI 系统利用在常见疾病上的学习经验来加快对罕见病症的诊断。

尽管如此，元学习的实施并非无难度。这种方法需要复杂的算法设计和大量的预训练，旨在使模型具备足够的泛化能力。此外，如何设计有效的元学习算法，使之能够在广泛的任务中实现真正的快速适应，依然是人工智能研究中的一个热点问题。

随着机器学习和强化学习等方法的不断发展与成熟，智能体已经迈入了一个新的时代。迁移学习和元学习的引入，特别是在训练效率和任务适应性方面的突破，进一步拓宽了智能体的应用领域，使其能够更加高效和智能地解决现实世界中的复杂问题。

2.5 阶段五：深度学习的崛起

1. 深度学习的基础与突破

深度学习，作为一种模仿人脑神经网络结构的先进机器学习技术，已经引起了科学界和工业界的广泛关注。这种技术主要使用由多层构成的神经网络来处理和学习大量的复杂数据。深度学习的独特之处在于，能够自动从未标记或非结构化的数据中提取有用的特征，这对于推动诸如图像识别、语音识别、自然语言处理等多个领域的技术进步具有重大意义。

从历史的角度来看，深度学习的研究并非一蹴而就。2006 年，杰弗里·辛顿对深度信念网络的研究成果重新点燃了学界对于深度学习的热情。他的研究不仅展示了多层神经网络在识别和处理复杂模式方面的巨大潜力，也为后来的研究提供了强有力的理论支持。随后在

2012年，这一领域实现了重大突破，当时由Alex Krizhevsky领导的研究团队开发的AlexNet在ImageNet挑战赛中取得了压倒性的胜利。这一成就不仅标志着深度学习技术在处理复杂视觉数据方面的突破，也预示着深度学习时代的全面到来。

深度学习技术的迅速发展对智能体的影响深远而广泛。在深度学习的助力下，这些智能体的感知能力得到了显著提升。例如，在自动驾驶汽车领域，深度学习使得智能体能够更准确地识别和理解道路情况、交通标志和其他车辆的行为，从而做出更快、更安全的决策。

在游戏和模拟环境中，深度学习使智能体能够通过观察和实验自我学习，适应复杂多变的游戏策略和环境，AlphaGo就是一个著名的例子。此外，深度学习在医疗健康领域中的应用也使得智能体能够处理和分析大量的患者数据，辅助医生进行诊断和做出治疗决策，这些都极大地推动了精准医疗和个性化治疗的发展。

此外，深度学习还促进了智能对话系统的进步，使得这些系统能够更加自然和智能地与人类用户进行交互。通过深度学习模型，智能体可以更好地理解用户的意图和情感，提供更加个性化和准确的响应。例如，现代的虚拟助手，如苹果的Siri、Amazon的Alexa等，都在使用深度学习技术来改善用户体验。

2. 深度学习技术的演进

从卷积神经网络（CNN）、循环神经网络（RNN）到变革性的Transformer模型，深度学习架构的发展不仅推动了人工智能技术的飞速进步，而且极大地扩展了智能体的能力和应用范围。这些模型通过其独特的结构，使AI能够有效处理各种类型的数据，包括序列数据、图像和自然语言，从而在多种任务中展现出卓越的性能，从基本的图像分类到复杂的文本理解和生成。

CNN 是深度学习中的一种基础架构，主要应用于图像和视频处理领域。CNN 通过模拟人类视觉系统的机制，能够有效识别和分类视觉内容。其特有的卷积层结构使得模型能够捕捉到图像中的局部特征，并通过层层叠加的方式提取越来越复杂的特征，这使得 CNN 在面部识别、自动驾驶车辆的视觉系统以及医学影像分析等领域发挥了巨大作用。

RNN 特别擅长处理序列数据，例如语音、文本和时间序列数据。RNN 的独特之处在于它们能够记住先前的输入，这种"记忆"能力使得 RNN 特别适合用于处理语言翻译、语音识别和文本生成等任务。通过记忆之前的信息，RNN 可以在生成或翻译文本时保持语境的连贯性，极大地提高了处理连续数据的能力。

Transformer 模型，尤其是其变种如 BERT 和 GPT，已经彻底改变了自然语言处理（NLP）领域，其架构如图 2.7 所示。Transformer 引入了自注意力机制，这使得模型能够同时处理输入序列中的所有元素，从而更有效地捕捉长距离依赖和复杂的语言模式。这种能力使得 Transformer 极其适合执行文本理解、情感分析、机器翻译及文本生成等任务。BERT 模型通过预训练大量的文本数据学习语言的深层次语义，改善了信息检索、问答系统和文本分类等应用。GPT 系列模型则通过生成前所未有的自然和连贯的文本，大幅提升了聊天机器人和自动内容创作的质量。

随着深度学习技术的飞速发展，各种高级模型如 CNN、RNN 和 Transformer 已经极大地扩展了智能体的能力，使它们能够更加精准地处理图像、理解和生成语言，以及记忆并分析序列数据。这些技术的进步不仅提高了智能体在语音识别、图像处理、自然语言处理等领域的应用效率，也为复杂决策支持系统提供了强大的算力支撑。深度学习的持续进化预示着智能体将在人工智能的未来扮演更为关

键的角色，从而在更广泛的实际应用场景中，展现出更强的自主性和
适应性。

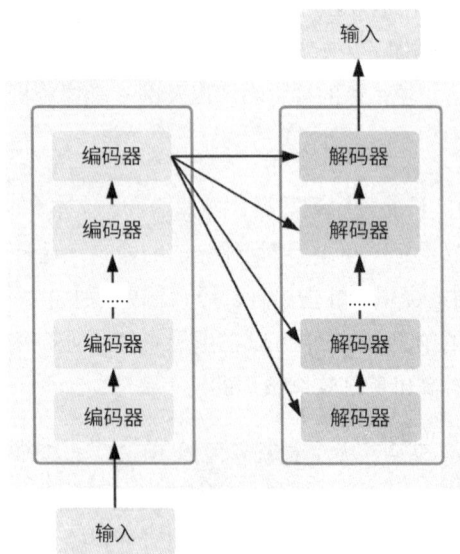

图 2.7　Transformer 模型架构

2.6　阶段六：大模型的爆发

1. ChatGPT 引爆大模型时代

2022 年 11 月 30 日，ChatGPT 的发布标志着人工智能历史上的一
个重大里程碑，这款由 OpenAI 开发的语言模型凭借其出色的性能和
广泛的应用范围，在全球范围内引发了对人工智能技术的深入关注和
广泛讨论。ChatGPT 不仅仅是一个简单的文本生成工具，它展示了在
处理复杂交互、理解深层次语义，乃至进行创造性写作等方面的显著
能力。这种基于大规模数据训练的模型，不仅改变了公众对人工智能
的认知，也推动了全球科技公司在类似技术上的研发和创新。

随着 ChatGPT 的成功，全球各大科技巨头纷纷加大力度，推出了自己的闭源或开源的大模型，这些模型在设计和功能上各有千秋，但共同点是都极大地推动了智能处理技术的进步。这些大模型的出现，不仅在技术上提供了更多的可能性，也在商业和应用层面开创了新的视野。

具体到 AI Agent 的发展，基于大模型的智能体如雨后春笋般涌现，出现了 CAMEL、AutoGPT、MetaGPT、AgentGPT 等多个项目。这些智能体利用大模型的强大计算和理解能力，能够执行更复杂的任务，提供更加丰富和人性化的交互体验。这些基于大模型的 AI Agent 的爆发性增长，不仅使大模型的技术和应用进入了一个新的发展阶段，也为 AI 技术的创新和实际落地带来了新的机会和挑战。企业和开发者可以依托这些先进的模型，探索从内容创作到复杂决策支持等多样化的应用，极大地拓宽了人工智能在日常生活中的应用场景。

2. 智能体生态系统的建立

2024 年 1 月 11 日，智能体领域取得了一个新的重大进展。OpenAI 正式推出了 GPT Store，如图 2.8 所示，这是一个创新的智能体平台，极大地降低了创建个性化 GPT 智能体的技术门槛。此平台的推出不仅是技术进步的体现，更预示着一个全新的智能体生态系统的诞生，这一生态系统将彻底改变人们与技术的互动方式。

GPT Store 的核心理念是使用户通过简单的界面和操作，就可以定制和部署自己的 GPT 智能体，无须具备任何编程知识。这种便利性类似于在手机应用商店中下载一个应用，用户可以根据自己的需求选择和创造各种智能体，用于日常助理、学术研究还是业务管理都可以。这不仅为普通消费者提供了前所未有的便利，也为开发者和企业创造了巨大的市场机会。GPT Store 的推出使得开发软件的方式发生了根本性变革。传统上，软件开发需要复杂的编程技能和深厚的技术背景，但现在，借助 GPT Store，任何人都能利用自然语言来开发功能强大的软件。这意味着软件开发将变得更加民主化，激发更多创新和个性化的应用场景。随着智能体生态系统的建立，我们可以预见到未来的智能助理将更加智能和个性化。人们将能够拥有多个专属的私人助理，每一个都根据用户的具体需求和偏好进行定制。这些智能体将能够处理从简单的日常任务到复杂的商务决策等各种问题，极大地提升个人和企业的生产效率。

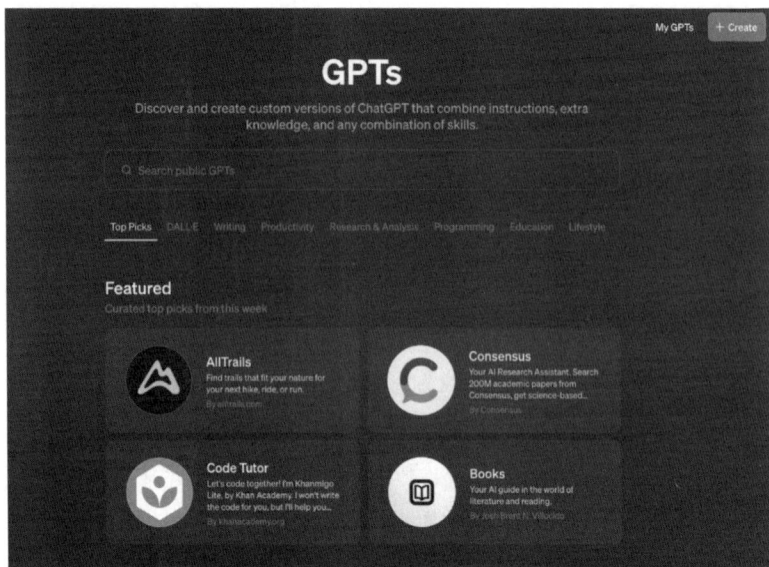

图 2.8　GPT Store

　　国内的科技巨头们也未落后于这一趋势，都是在积极布局自己的智能体平台。例如，智谱 AI 推出的智谱清言、字节跳动的扣子、腾讯的腾讯元器、百度的文心智能体平台等。

3. 具身智能的希望

大模型技术的出现不仅显著提升了智能体的处理和理解能力，

还为具身智能（embodied intelligence）的发展注入了新的活力和希望。具身智能体是指那些能够在物理世界中独立执行任务的机器人或系统。这类智能体的特点在于它们能够通过与真实世界的直接交互来执行任务，这种交互涉及从环境中获取数据、处理信息并做出反应。大模型的应用使这些智能体不仅能够理解更复杂的指令，还能更好地适应动态环境和处理各种不确定性。图 2.9 演示了融合了 GPT 的 Figure01 机器人。

图 2.9　融合了 GPT 的 Figure01 机器人（来源：Figure 官网）

具身智能的应用前景广泛，其对各个行业的影响非常深远。例如，在医疗行业，具身智能体可以执行精密的手术操作，或在病房中辅助照护病人，提供连续的监测和基本的护理服务。这些机器人能够解读复杂的医疗指令和病人数据，以确保提供安全有效的护理。

在制造业中，具身智能体能够在高风险或对人类操作员具有潜在危险的环境中工作，如高温、高压或化学性质强的环境。这些机器人能够执行重复性高、精度要求严格的任务，如组装小型电子设备，同时根据环境变化实时调整操作策略。

在服务业中，尤其是在零售和客户服务领域，具身智能体能够提供更加个性化的服务。例如，机器人可以在商店内向顾客推荐商品，根据顾客的购物习惯和偏好提供定制化建议，或在餐厅中服务顾客，提高服务效率和顾客满意度。

技术进步的推动还意味着未来的具身智能体将拥有更高级的认知模型和学习能力，这将使它们能够更好地理解人类的需求和行为，从而在更复杂的环境中进行有效的导航和任务执行。结合了先进的感知技术，如视觉和触觉传感器，这些智能体能够更准确地解析周围环境，实现更复杂的人机交互。

此外，随着算法和硬件的持续优化，未来的具身智能体将在学习能力和适应性方面达到新的高度。它们将能够从经验中学习，即使在面对前所未有的情况时也能做出合理的决策。这种智能化的提升预示着具身智能体未来能与人类形成更加紧密的合作关系，真正实现人机协作的理想模式。

2.7 结语

随着智能技术的飞速发展，我们见证了从古典逻辑到现代大模型的演变，这不仅是科技进步的历程，也是人类对智能本质认知的深化。智能体的历史反映了技术与人类需求、伦理和社会价值观的不断对话。从机器学习到深度学习，再到具身智能，我们正步入一个全新的时代，这个时代中，智能系统不仅服务于人类，更成为理解我们自身的一面镜子。在未来，智能体将继续演化，不仅塑造技术景观，也重新定义我们的生活方式和思维方式。

第 3 章 智能体详解
——揭开智能体的神秘面纱

在智能体的世界中，构建一个完善、高效的体系结构是实现它们的基础功能或高级功能的关键。一个完善的智能体不仅能够感知和理解周围环境，还能够记忆和学习，规划并执行任务，这些功能的实现都离不开其内部精密的模块设计。本章将详细介绍智能体架构中的四大核心组件：感知模块、规划模块、记忆模块和执行模块。这些模块是智能体与世界互动的基石，是其能够完成各种任务（从简单到复杂）的关键。

我们先从整体上来看一下这四大模块是如何协同工作的，如图 3.1 所示。在智能体中，首先由感知模块对环境进行观察和感知。然后感知数据被作为规划的输入参数之一传入规划模块。规划模块做出决策后，执行模块根据决策内容执行具体动作，在这个过程中执行模块可能会使用外部工具来完成具体任务。任务完成之后，环境会将本次任务完成的反馈信息传入规划模块，以供下次规划时参考。在整个流程中，感知模块、规划模块和执行模块在工作时产生的相关信息可以存储到记忆模块中，同样可以在下次规划的时候提供参考。

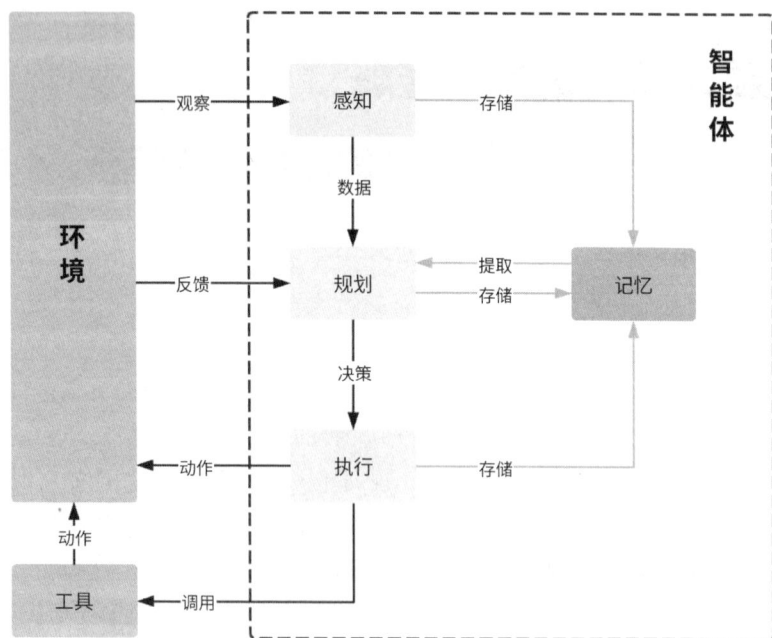

图 3.1 智能体架构图

看完智能体的整体框架，接下来我们依次讲解每个模块的功能原理和相关技术。

3.1 感知模块

在我们的日常生活中，感知是我们与世界互动的基础。通过眼睛、耳朵、鼻子等感官，我们能感知到外界的信息，并做出相应的反应。在智能体的世界里，感知模块扮演着类似的角色。感知模块是智能体中接收和处理来自外界的信息的部分。这些信息可能来自多种多样的传感器，如摄像头、麦克风、红外线传感器、触觉传感器等。感知模块的主要任务是从这些传感器收集的原始数据中提取有用的信息，以便智能体能够理解其所处的环境并据此做出决策。

3.1.1 文字感知

文字感知是智能体的核心能力之一，它让机器不仅能读懂文字的字面意义，还能把握其中的语义、语境和情感，甚至揣摩出表达者的潜在意图。

- **语义理解**

语义理解是文字感知中最基础也最关键的部分。每当我们阅读或听到一句话时，大脑就会自动解析这些词语的含义和它们之间的关系。对于智能体来说，这一过程涉及复杂的算法和模型，使其能够不仅仅停留在词语的表面意义，还能深入到句子的深层含义。

- ❑ **字面内容理解**：这是最直接的层面，智能体通过词语、句法结构和语法结构来理解句子的基本含义。例如，"苹果位于桌子上"这句话，智能体能够从中识别出"苹果"和"桌子"是具体的物体，以及它们之间的空间关系。
- ❑ **潜在意图解析**：这一层面更为复杂，智能体需要推断出说话人可能的意图和目的。例如，"你能把窗户关上吗？"在字面上看是一个简单的请求，但其背后可能隐藏着说话人感到寒冷或需要私密空间的深意。

- **语境理解**

语境理解让智能体能够根据对话或文本发生的具体情境，调整其对话中的含义。一个词语或句子的意义可能会因为语境的不同而有很大的变化。例如，"苹果"在不同的语境下既可以指水果，也可以指苹果公司。智能体通过分析对话历史、场景设定以及与话题相关的其他信息来精确其语境理解。这使得智能体在进行翻译、生成文本或者对话时，能够更加贴合实际情况和需求。

- **情感分析**

情感分析是文字感知中的一个高级功能，它涉及识别和理解文本中表达的情感倾向。这一能力对于客服系统、舆情分析等应用尤为重要。智能体通过分析用词选择、语句结构甚至是标点符号来判断文本的情绪色彩。

智能体之所以能够进行文字感知，背后的核心技术是自然语言处理（NLP）。智能体通过机器学习模型，尤其是深度学习网络，被训练来识别文本中的各种模式和结构。以下是 NLP 中的一些主要任务。

- **分词**

分词是智能体理解文本的第一步。它就像是给文章做手术，将长长的文本串切割成一个个可以管理的小块。这一过程对于智能体来说至关重要，它决定了后续处理的精确性和效率。例如，"我爱吃苹果"会被切割成"我""爱""吃""苹果"，每一个词都是一块关键的信息。

- **词性标注**

每个词在句子中扮演着不同的角色，词性标注就是确定每个词是名词、动词还是形容词等。这像是给每个词贴上标签，让智能体能更好地理解句子的结构和意义。这一步骤对于理解复杂的语言结构至关重要，它帮助智能体捕捉到词与词之间的关系。例如，在句子"苹果落地"中，"苹果"是名词，"落地"是动词。

- **命名实体识别**

在阅读文章时，我们常常会遇到人名、地名、机构名等专有名词。智能体通过命名实体识别技术识别出这些实体，然后进行分类。这不仅有助于信息的提取，也是问答系统和信息检索中不可或缺的一环。

例如，从"奥巴马是美国的前总统"中，智能体能够识别出"奥巴马"为人名，"美国"为地名。

- **依存句法分析**

理解一个句子是如何组织起来的，哪些词是主要成分，哪些词是辅助成分，这是依存句法分析的任务。通过这种分析，智能体可以揭示词语之间的依存关系，例如"主谓宾"结构。在"他吃了一个苹果"中，"他"是主语，"吃"是动词，"苹果"是宾语，而"一个"是定语，修饰"苹果"。

- **情感分析**

通过情感分析，智能体可以判断文本表达的情绪是积极的、消极的还是中性的。例如，分析客户对某产品的评论，"这是我用过的最糟糕的产品！"很明显带有负面情绪。

- **文本分类**

文本分类技术能够将文本自动分配到预设的类别中。无论是将电子邮件标记为垃圾邮件，还是将新闻分为政治、体育或娱乐类，智能体都能处理得游刃有余。

- **机器翻译**

当我们需要跨语言交流时，机器翻译技术就显得尤为重要。智能体能够将一种语言的文本自动翻译成另一种语言，尽管涉及复杂的语义和语法转换问题，但现在的智能体技术已经做得相当准确了。

虽然 NLP 领域已取得了显著进展，特别是在大模型出现后，但是目前仍然面临着许多挑战。

- **语言的多样性和复杂性**

语言不仅多样而且复杂。同一语言内部存在多种方言、俚语和行业术语，这些都给智能体的理解带来了挑战。例如，英语中的"cool"可以表示天气凉爽，也可以表示某事物非常好。智能体需要通过上下文来判断"cool"的准确含义，而这对机器学习模型来说是一大挑战。

- **语境的依赖**

语境对于语言的理解至关重要。同一句话在不同的语境中可能有截然不同的含义。智能体需要能够捕捉到这些细微的语境变化，才能进行准确理解和生成回应。这需要复杂的算法和大量的训练数据，而且在无法获得足够上下文的情况下，智能体很可能会误解信息。

- **比喻的使用**

人类在交流时经常使用比喻，这种修辞手法能够丰富语言表达，但对智能体来说却是一大难题。例如，"时间是一把杀猪刀"这种比喻对于非母语者来说可能难以理解，智能体在不被直接告知的情况下，理解其深层含义更加困难。

- **真实世界知识的整合**

理解语言往往需要依赖于大量的常识和真实世界的知识。智能体虽然可以通过阅读大量文本"学习"语言，但其对现实世界的直观理解远不如人类。这种知识的缺乏使得智能体在处理需要广泛背景信息的任务时表现不佳。

- **情感和语调的识别**

尽管情感分析技术已经取得了进展，但智能体在准确识别和理解人类情感表达的细微差别上仍然存在不足。例如，语气的轻微变化或讽刺的使用往往难以被智能体准确捕捉，这就可能导致错误解读。

- **遵守伦理和保护隐私**

在处理敏感数据时，如何确保智能体的应用符合伦理标准并严格保护个人隐私，是当前面临的一大挑战。例如，在分析患者的健康记录或个人通信时，如何处理和存储这些信息至关重要。

- **消除偏见**

AI 模型的训练数据中可能存在着或多或少的偏见，这就会导致智能体在进行语言处理时表现出不公平或有偏见的行为。例如，如果训练数据中某个性别或种族的表达被过少地提及，那么智能体在处理涉及这些群体的语言时就可能会有偏差，甚至偏见。

3.1.2 视觉感知

视觉感知赋予智能体"看"的能力，使其能够识别和理解图像、视频等视觉信息，涵盖从基本的形状识别到复杂的场景分析的全过程。从通过摄像头或其他视觉传感器获取的视觉数据中，智能体可以识别物体、人脸、场景以及行为。这一技术在自动驾驶汽车、监控安全、医疗影像分析等多个领域有着广泛的应用。深度学习模型，例如卷积神经网络（CNN），是处理这些复杂视觉数据的主要技术之一。

计算机视觉技术通过分析图像或视频数据来识别、分类、检测和理解视觉信息。以下是一些主要的计算机视觉任务。

- **图像分类**

图像分类的任务是识别图像中的主要对象。想象你有一堆照片，你想自动归类哪些照片中是猫，哪些照片中是狗。通过学习不同动物的特征，模型能自动识别并标记每张图像中的主体。

- **目标检测**

在目标检测中，计算机不仅要识别图像中的对象，还要确定它们的位置和大小。比如在一张街景照片中，计算机能找到并框出所有的汽车、行人和信号灯。

- **语义分割**

这个任务涉及将图像细分成多个部分，每个部分都对应一个特定的类别。例如，在一张城市街道的照片中，计算机可以标识出哪些区域是道路、建筑、行人或车辆。

- **实例分割**

实例分割类似于语义分割，但它在识别类别的同时，还能区分同一类别中的不同个体。例如，如果图中有多辆车，实例分割不仅能识别出这些是车，还能区分出每一辆车是一个单独的实例。

- **人体姿态估计**

这项技术用于检测图像中人体的各个部位的位置和姿态，如手、脚的位置。这在体育分析和动画制作中非常有用。

- **人脸检测与识别**

计算机能在图像中检测人脸，并区分不同的个体。这对于安全监控和手机解锁等应用至关重要。

- **文字识别（OCR）**

OCR 从图像中识别并提取文字。这可以用于扫描文档、自动识别车牌等场景。

- **图像恢复**

图像恢复的目的是改善图像质量，包括去除噪点、修复损坏的部分和去除模糊。这对于历史文献恢复或医疗影像改善尤为重要。

- **视频对象跟踪**

计算机能跟踪视频中特定对象随时间的移动路径。这在监控视频分析和交通管理中非常有用。

- **行为识别**

行为识别是从视频中分析并识别人的行为动作，如走路、跑步或打电话。这对于监控系统和互动游戏等应用场景非常关键。

- **场景重建**

使用多个图像从不同角度来重建一个三维场景。这项技术在电影制作、虚拟现实以及历史遗址的数字化保护中有广泛应用。

- **视觉问答**

给定一张图像和一个问题，计算机能理解图像内容并提供答案。例如，对于一张公园的照片，你问"这里有多少只狗？"，模型可以分析并回答。

- **边缘检测**

边缘检测涉及识别图像中的物理边缘，这有助于计算机理解物体的形状和结构。这在图像编辑软件中很常见。

计算机视觉领域面临的挑战多种多样，这些挑战通常涉及图像数据的复杂性、处理技术的限制以及应用的多样性。以下是一些主要的挑战。

- **环境变化**

环境因素，如光照、天气和季节变化，对计算机视觉系统的影响不容小觑。例如，在低光照条件下，如夜间或阴天，相机捕捉的图像可能质量低下，细节不清晰，从而影响对象的识别和分类。雨、雪、雾等天气条件同样会对视觉传感器的效果产生干扰，降低识别精度。

- **视角变化**

对象的视角变化可能导致其在图像中的外观发生巨变。一个物体从侧面看与从正面看可能截然不同，这对于设计能够从多个角度准确识别对象的算法是一大挑战。

- **遮挡问题**

在现实世界中，对象很可能被其他事物部分或完全遮挡。例如，在一个拥挤的市场场景中，一个人可能被其他人或物品遮挡，只露出一部分。这使得计算机系统难以准确识别和定位对象。

- **尺度变化**

对象在图像中的尺寸变化也是一大挑战，这通常与观察距离有关。系统需要能够识别和处理不同距离上的同一对象，无论是近距离的大图像还是远处的小图像。

- **类内变异**

即便是同一类别的对象，它们之间也可能存在显著的外观差异。例如，狗这一类别下就包括从小型的吉娃娃到大型的德国牧羊犬的多个品种，每个品种的大小、形态、毛色都各不相同。

- **背景干扰**

复杂或杂乱的背景可能掩盖或扭曲对象的重要视觉特征，使得前景与背景难以区分。这在自然环境中尤其常见，如林地、城市景观等。

- **实时处理需求**

某些应用，如自动驾驶汽车，要求计算机视觉系统必须能够在极短的时间内处理和解释图像数据，以实时响应外部变化。

- **数据不足和偏差**

训练深度学习模型需要大量数据。如果这些数据无法覆盖所有可能的情况，或者数据本身存在偏差，那么模型在现实世界中的表现可能会大打折扣，无法有效泛化到新的环境。

- **隐私和伦理问题**

随着面部识别和行为分析技术的普及，如何在增强安全和便利性的同时保护个人隐私，成了一个重要的社会和技术议题。

- **计算资源限制**

计算机视觉通常需要强大的计算资源，尤其是在处理高分辨率和实时视频数据时。这对于资源受限的设备是一个大难题。

- **跨域应用**

模型在一个领域（如互联网图片）的表现可能无法直接迁移到另一个完全不同的领域（如实时城市监控）。跨域应用需要模型具备良好的适应性和泛化能力。

- **对抗性攻击**

近年来，对抗性攻击成为计算机视觉领域的一个热点问题。通过故意制造的微小图像变化，攻击者可以欺骗视觉系统，使其做出错误的判断。

3.1.3 听觉感知

听觉感知让智能体具备了"听"的能力，能够接收和解析声音信息。这不仅包括语言的识别，也包括非语言声音的理解，如环境噪声、音乐或情绪声音等。智能体通过语音模型来处理这些信息，常见的技术包括声音信号处理和深度学习技术。

以下是语音领域的一些主要任务。

- **语音转文本**

这种技术将人类的语音信息转换成书面文本。在现实生活中，这可以应用于会议记录、语音笔记或是向设备发送口头指令。例如，智能手机和智能音箱通过这项技术理解用户的口头指令并做出响应。

- **语音识别**

语音识别不仅仅是文字的转换，它涉及对语音的理解和处理，能够识别语言、命令甚至查询的意图。例如，虚拟助手（如 Siri）使用这项技术来解析用户的指令并执行如设置提醒、播放音乐或提供天气预报等任务。

- **说话人识别**

通过分析语音的独特特征，如音调和语速，来确认说话者的身份。这项技术在安全验证领域非常有用，比如电话银行服务常用它来确认客户身份，确保交易的安全。

- **语种识别**

该技术能自动识别说话内容的语言，对于多语言环境下的设备或服务非常重要，能自动适应用户的语言需求，如多国语言的客户支持系统。

- **说话人分离**

在包含多个说话人的语音记录中识别并分离各个说话者的语音。这对于处理群体讨论或多人会议记录至关重要，能够明确每个人的发言，便于后续分析和归档。

- **情感识别**

这项技术分析语音中的音调、强度和节奏等因素，以识别说话人的情绪状态。这在客户服务和心理健康应用中尤为有用，可帮助系统更人性化地响应用户需求。

- **语音合成**

也称为文本到语音（Text-to-Speech），将文本信息转换为语音输出。这使得阅读障碍人士能通过听的方式阅读文本，同时也广泛应用于 GPS 和自动公告系统。

- **口音识别与适应**

识别不同的口音并使语音识别系统能更好地理解各种口音的说话方式，这对全球化的服务尤其重要，可确保系统能准确响应来自不同地区的用户。

- **语音增强**

这项技术通过减少背景噪声和回声，改善语音的清晰度，使得在嘈杂环境下的通信更为清晰。这在电话会议和远程教育中非常关键。

- **语音活动检测**

检测录音中何时有语音活动，这有助于节省存储空间和处理资源，因为系统只处理有语音活动的部分。这项技术广泛应用于语音控制系统和安全监控。

尽管处理语音的相关技术已经相对成熟，但在实际应用中仍然面临许多挑战。

- **口音和方言的多样性**

人类的语音非常多样化，不同地区和文化背景的人有不同的发音方式和口音。语音识别系统需要能够准确地识别和理解各种口音和方言，这在技术上是一大挑战。

- **背景噪声**

在嘈杂的环境中，背景噪声会影响语音识别系统的准确性。例如，在街道、机场或是家庭环境中的电视声音都可能影响语音识别的效果。如何有效地从噪声中分离出清晰的语音信号是一个技术难题。

- **说话速度和停顿**

不同人说话的速度和停顿时间也各不相同。有的人说话快而连贯，有的人说话慢而有许多停顿。这些变量增加了语音识别系统在处理不同说话模式时的复杂性。

- **同音异义词和语境问题**

有些词虽然发音相同，但在不同的语境中意义却不同。语音识别系统必须能够根据上下文准确地理解这些词的意义。

- **多语种识别**

全球化的应用需求要求语音识别系统必须支持多种语言。每种语言都有自己的语法规则、发音和表达方式，这为系统设计带来了额外的复杂性。

- **情感和语调的理解**

在日常交流中，情感和语调对于传达信息至关重要。然而，使计算机能够识别和理解这些非文字的语音细节仍然是一个挑战。

- **隐私和安全性**

随着语音识别技术的普及，如何保护用户的语音数据和隐私成了一个重要问题。确保数据安全和用户隐私不被侵犯是技术和法律领域的一个重点。

3.1.4 其他感知

智能体除了最主要的文字感知、视觉感知和听觉感知以外，还可以具有其他多种类型的感知。这些其他感知通常是通过不同类型的传感器来获取的。通过多样的感知方式，智能体不仅能更好地理解和适应人类的世界，还能扩展到人类难以直接感知的领域。

- **触觉感知**

触觉是人类最基本的感觉之一，智能体通过触觉感知能模拟出类似的体验。想象一下，一个机器人通过触觉传感器来感知外界的物体硬度、质感甚至温度。这种感知能力使得机器人在执行如握手、拾起易碎物品等任务时更加精准和自然。

- **嗅觉感知**

尽管智能体不会"呼吸"，但它们可以通过化学传感器检测空气中的化学成分变化，类似于人类的嗅觉。这种技术在环境监测、食品安全检测等领域非常有用。例如，一个智能体设备可以在空气中检测到有害气体的微量泄漏，及时发出警报。

- **味觉感知**

与嗅觉相似,味觉感知通常指的是对化学物质的识别能力。通过味觉感知,智能体可以在食品加工或质量控制中发挥作用,如检测食物的鲜度或成分,确保产品的质量和安全。

- **温度感知**

通过温度传感器,智能体可以监控和调控家居环境的温度,或者在工业环境中确保机器设备不会因过热而损坏。这种感知能力在极端环境探索,如深海或太空探索中也有很大的应用潜力。

- **湿度感知**

湿度感知使智能体能够评估环境中的湿度水平。这对农业特别有价值,它们可以根据作物的实时需水量自动调整灌溉系统。此外,在智能家居系统中,湿度感知可以帮助调节空气质量,提供更舒适、健康的居住环境。

- **力度感知**

力度感知使智能体能够评估施加其上的力量大小,这在制造业和机器人技术中非常有用。例如,通过力度传感器,机器人可以根据所持物品的质量调整其搬运力度,避免造成损伤。

- **惯性感知**

惯性感知,或者说运动感知,使得智能体可以检测自身的运动状态和加速度。这在无人驾驶车辆和自动导航系统中至关重要,可帮助它们在复杂的环境中稳定行驶,及时响应周围的变化。

- **磁场感知**

磁场感知是智能体用于定位和导航的一项关键技术。通过检测地球磁场的变化，智能体可以确定其在地球上的位置，类似于指南针。这一技术对于远洋航行的无人船只或者远程探测器尤为重要。

正如我们通过各种感官与世界互动一样，智能体通过其复杂的感知模块感知世界。这些模块不仅包括基本的文字、视觉和听觉感知，还扩展到了触觉、嗅觉、味觉、温度、湿度、力度、惯性和磁场感知等领域。每种感知方式都有其独特的作用和应用领域，使得智能体能更全面地理解和适应其所处的环境。通过了解这些感知技术，我们不仅可以更好地设计和应用智能体技术，还可以启发我们对人类感知的理解和模拟。智能体的发展不断推动技术界限的扩展，而这些技术的进步也在不断地影响着我们的工作、生活方式及我们如何与机器互动。

3.2 规划模块

规划模块是智能体架构的重中之重，智能体的规划能力直接代表了它的"智慧"。接下来带大家深入了解智能体如何将庞大复杂的目标细化为具体可行的小任务，并按照既定计划逐步实现这些任务。我们将通过探索任务拆解、规划制定、任务执行以及任务反馈四个关键阶段，全面解析智能体如何以结构化的方式高效处理问题。

3.2.1 阶段一：任务拆解——庖丁解牛，游刃有余

想象一下，你是一个旅行者，站在一座未知城市的中心，目标是找到一家评价极高的餐厅用餐。这个目标看似简单，但实际上包含了多个小任务：确定方向、选择交通工具、寻找餐厅等。智能体在面对一个目标时也是这样，它首先需要将大目标拆解成一系列小的、易解决的、可管理的任务。这一过程需要智能体具备问题理解能力和事件的时间顺序感。

1. 任务拆解步骤

(1) 识别核心目标

每个任务都始于一个目标。对于智能体来说，明确核心目标是其规划任何活动的首要步骤。以举办一个生日派对为例，核心目标可能是："举办一个难忘的庆祝活动，让所有来宾感到快乐并有参与感。"这一目标清晰地指向了派对的核心要素——快乐和参与感。识别出这一点后，智能体就能够有效地规划出符合这一目标的活动和安排。

(2) 分析任务需求

一旦核心目标确定，下一步就是深入分析任务的具体需求。这一步涉及将核心目标细化为具体的需求。

对于生日派对，需要分析如下需求。

- 地点选择：是否需要预订场地？室内还是室外？地点的选择需要考虑天气、交通和容纳人数。
- 时间安排：派对的时间需要适合大多数来宾，特别是寿星。
- 食物和饮料：需要根据来宾的年龄和特定饮食限制来规划菜单。
- 娱乐活动：根据寿星的兴趣和来宾的总体喜好来选择娱乐活动。

通过细致的需求分析，智能体可以确保每一个细节都能促进核心目标的实现。

(3) 子任务识别

最后，从整体任务中识别出若干个更小、更具体的子任务是任务拆解的关键步骤。这里要保证子任务的独立性和完备性。独立性是指确保子任务尽可能独立，减少相互依赖。完备性是指确保所有子任务完成时，整体任务也能完成。

以我们的生日派对为例，子任务可能包括以下几项。

- ❑ 预订场地：选择合适的日期和地点，与场地管理方进行协调。
- ❑ 发送邀请：设计并发送电子或纸质邀请函。
- ❑ 订购蛋糕和食物：选择蛋糕风格和口味，联系餐饮服务。
- ❑ 安排娱乐活动：预订艺术家或租赁游戏设备。
- ❑ 装饰场地：根据主题选择装饰物并安排布置时间。

通过子任务的识别和规划，智能体就可以系统地执行每一项活动，确保所有任务有序进行，并有效支持总体目标的实现。

2. 任务拆解方法

(1) 一次性拆解

一次性拆解是最简单的任务拆解方法，也就是一次性拆解出所有子任务并制定规划，然后按照顺序执行，如图 3.2 所示。

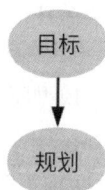

图 3.2 一次性拆解流程

(2) 思维链

思维链（CoT，Chain of Thought）是在智能体任务处理中引入的一个相对复杂但极具效力的方法，它通过模拟人类的思考过程来处理更复杂的问题，如图 3.3 所示。通过这种方式，智能体不仅能给出答案，还展示了得出这个答案的完整推理过程，这对于增强智能体的可解释性和可信度至关重要。

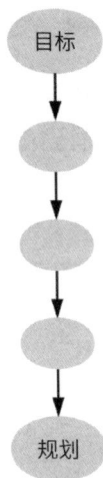

图 3.3 思维链流程

在处理复杂的逻辑问题时,模型首先需要理解问题,并形成一个初步答案。接下来,模型将此初步答案作为基础,构建一条包含多个逻辑步骤的推理链,每一步均建立在前一步的基础之上。模型会按照这一推理链逐步推进,每进行一步,就更新一次答案并衍生出新的推理步骤。在整个过程的最后,模型将对最终答案进行全面验证,确保其满足所有问题要求。在实际操作中,这种方法可以大大提高问题解决的准确性,尤其是在需要处理不确定信息或进行复杂决策的场景中。

示例

假设我们有一个数学问题:一个农场有鸡和牛,一共有 30 个头和 74 条腿。请问农场里有多少只鸡和多少头牛?

a. 问题理解:这个问题是一个经典的"鸡兔同笼"问题,需要我们找出鸡和牛的数量。

b. 初步答案生成：我们可以先假设所有的动物都是鸡，那么就有 30 只鸡，因为每只鸡有 2 条腿，所以一共有 60 条腿。但是实际上有 74 条腿，所以肯定有牛存在。

c. 推理链构建：我们知道每只鸡有 2 条腿，每头牛有 4 条腿。如果我们从总的腿数中减去假设的鸡的腿数，剩下的就是牛的腿数。然后我们可以用牛的腿数除以每头牛的腿数，得到牛的数量。最后，我们用总的头数减去牛的数量，得到鸡的数量。

d. 逐步推理：

- 假设都是鸡，则腿数为：30 只鸡 × 2 条腿/只 = 60 条腿
- 实际腿数为 74 条，所以多出的腿数为：74 条腿 – 60 条腿 = 14 条腿
- 每头牛比每只鸡多 2 条腿，所以牛的数量为：14 条腿 ÷ 2 条腿/头 = 7 头牛
- 鸡的数量为：30 个头 – 7 头牛 = 23 只鸡

e. 结果验证：我们有 23 只鸡和 7 头牛，鸡的腿数为 23 × 2 = 46 条，牛的腿数为 7 × 4 = 28 条，加起来正好是 74 条，符合题目条件。

所以，农场里有 23 只鸡和 7 头牛。

可执行的、高效的思维链应该具备以下特点。

❑ **可行性**：思维链的每一个步骤都是可行的，这才能保证整条思维链可以被顺利执行。

❑ **可验证性**：每一个步骤都应该可以被验证是否正确和有效。

❑ **逻辑性**：思维链的步骤之间应该有逻辑关系，环环相扣，形成连贯的思考过程。

❑ **全面性**：在构建思维链时，应该广泛而详尽地分析问题，确保覆盖所有潜在的影响因素。

(3) 思维树

思维树（ToT，Tree of Thought）是对思维链方法的扩展和系统化，它不仅提供了一个推理路径，而是构建了一个包含多个可能推理路径的树状结构，如图 3.4 所示。这使得智能体在面对一个问题时可以探索和评估不同的解决方案，大大增强了决策的灵活性和稳健性。

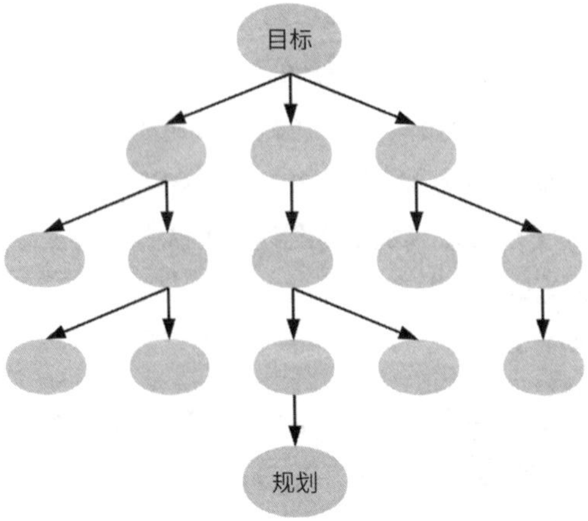

图 3.4　思维树流程

思维树方法同样需要先理解问题，然后基于对问题的深入理解，模型将生成多个推理路径，每个路径都提供一种可能的解释或解决方案。随后，模型会对这些路径进行详尽的评估，考察它们的逻辑性和正确性。模型将从中挑选出最合适的路径作为答案。最后，模型对选定的答案进行验证，确保其满足问题的所有要求。

　　假设我们有一个逻辑推理问题：一个房间里有三个开关，对应着另一个房间里的三盏灯。你只能进入带有灯的房间一次，如何确定哪个开关对应哪盏灯？

a. 问题理解：我们需要找出三个开关和三盏灯之间的对应关系，而且只能检查一次。

b. 推理路径生成：

- 路径 1：打开第一个开关，等待一段时间，然后关闭它。这样，至少有一盏灯亮过一段时间，我们可以通过灯泡的温度来识别它。

- 路径 2：打开第一个开关，然后立即关闭它。接着，打开第二个开关，进入房间。亮着的灯对应第二个开关，摸起来温暖的灯对应第一个开关，剩下的灯对应第三个开关。

- 路径 3：打开第一个和第二个开关，等待一段时间，然后关闭第二个开关。进入房间后，亮着的灯对应第一个开关，摸起来温暖的灯对应第二个开关，剩下的灯对应第三个开关。

c. 路径评估：

- 路径 1 可能不适用，因为不是所有的灯泡在关闭后都会立即变凉。

- 路径 2 和路径 3 都提供了明确的操作步骤和可观察的结果，因此它们都是合理的选择。

d. 路径选择：我们可以选择路径 2 或路径 3，因为它们都能有效地解决问题。

e. 结果验证：按照选择的路径操作，进入房间检查灯泡的状态，我们可以确定每个开关对应哪盏灯。

所以，我们可以选择路径 2 或路径 3 来解决问题，通过一系列的观察和推理来确定每个开关对应哪盏灯。

一棵有效的思维树的特点如下。

- **多维推理**：思维树技术支持多级别的推理过程，超越传统的单向推理链。该技术使模型能够探索并评估解决问题的多条可能路径。
- **灵活性**：思维树技术的应用极具灵活性，适用于各类问题，尤其是那些需要复杂推理和多层逻辑跳跃的场景。
- **可扩展性**：思维树模型能够轻松扩展至新的问题领域，通过调整和构建推理树的结构来适应不同的需求。
- **稳健性**：思维树通过探索多条推理路径提高了模型的稳健性。这意味着即便某些路径可能出错，其他有效路径依旧可以正确引导到解答。
- **决策支持**：展现多种推理路径能让人们更深入地洞察问题的复杂性及多元的解决方案，这就为决策提供了更好的支持。

(4) 思维图

思维图（GoT，Graph of Thought）进一步扩展了思维链和思维树的概念，它通过构建一个图结构来表示不同概念及其关系，如图 3.5 所示。在这个模型中，每个节点代表一个概念或实体，每条边代表概念或实体之间的关系。智能体利用图的结构进行推理，找出问题的答案。

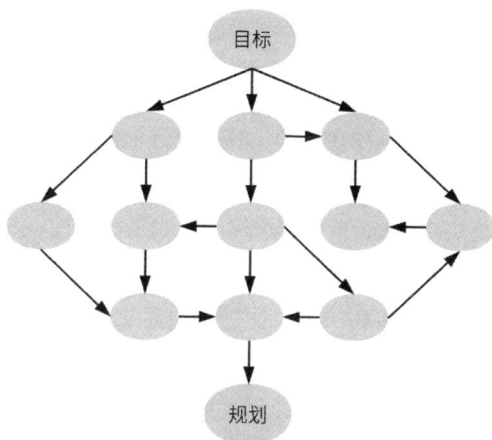

图 3.5 思维图流程

在思维图方法中，首先要深入理解问题的含义、背景及涉及的概念和关系。然后，从问题描述提取出核心概念，把它们作为图的节点。接下来，依据这些问题信息，建立节点之间的联系，这些联系构成图的边。利用这个图结构，模型通过节点间的关系来逐步推理出问题的解答。最终，模型会对解答进行检验来确保满足问题的需求。

示例

如图 3.6 所示，假设一个人从北京出发，目的地是杭州。可以选择直达或者从南京或上海中转。到达杭州最短需要多长时间？

a. 问题理解：我们需要计算从北京到杭州的总旅行时间，这包括直达或者中转的选择，以及中转城市的选择。

b. 概念提取：关键概念包括"北京""南京""上海""杭州"。

c. 关系构建：我们需要建立概念之间的关系，例如"北京到上海的飞行时间""上海到杭州的火车时间"等。

d. 图推理：

- 节点：北京、南京、上海、杭州。
- 边：北京→南京、北京→上海、南京→杭州、上海→杭州、北京→杭州。
- 属性：边上的时间属性，例如"北京到上海的飞行时间"为 3.5 小时、"上海到杭州的火车时间"为 1 小时等。

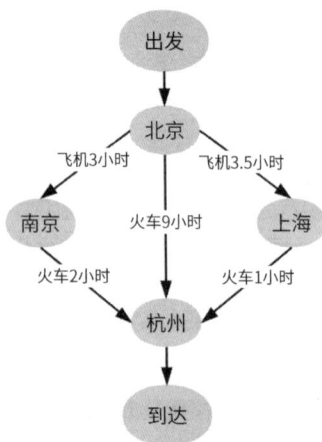

图 3.6　思维图示例

e. 图搜索：在图中搜索从北京到杭州的多条路径，并计算每条路径的总时间，从中选择用时最短的路径，也就是选择从上海中转，总时间为 4.5 小时。
f. 结果验证：确保图中的时间和旅行路线是合理的，并且总旅行时间最少。

所以，使用思维图方法，我们可以计算出从北京到杭州的最短旅行时间为 4.5 小时。

思维图方法具有以下几个特点。

- **图结构表示**：思维图通过图表的形式展示问题的各种概念、实体及其相互关系。这种方式不仅直观，还极具灵活性，使得复杂关系的捕捉更为精确。
- **多维推理**：类似于思维树的方法，思维图支持在多个层次上进行复杂推理。通过在多条路径上进行推理，模型能够探索多种可能的解决方案。
- **可解释性**：思维图清晰地揭示了各概念及其关系，提供了优于传统模型的可解释性，使用户更易理解模型的推理逻辑。
- **稳健性**：思维图通过在不同路径上探索推理，增强了模型的稳健性。即使一些路径可能出现错误，其他路径也能指向正确的解答。
- **灵活性**：思维图方法适用于多种类型的问题，特别是那些需要深入分析和推理的复杂任务，例如多跳问题、逻辑推理和知识图谱等。
- **知识利用**：思维图能够有效地利用已有的先验知识和结构化数据。通过将知识以图的形式表示，模型在推理过程中可以更好地利用这些信息。

3.2.2 阶段二：规划制定——运筹帷幄，决胜千里

接下来，智能体需要制定一个详细的行动方案。这个过程就像是绘制一张地图，每一步都指向最终目标。智能体会考虑所有可能的行动路径，并选择最优的一条。例如，如果目标是尽快到达，那么它可能优先选择快速但成本更高的交通方式。在这个阶段，智能体会运用算法来预测各种行动的后果，从而做出最有利的决策。制定规划是智能体展现智慧的关键环节，它决定了智能体能否高效、准确地完成任务。

1. 制定规划步骤

- **子任务的逻辑排序**

完成任务需求分析后，下一步是逻辑排序。智能体需要确定哪些任务需要优先执行，哪些任务可以后续进行。例如，在筹备派对的过程中，选择场地通常需要放在订购餐饮和娱乐设施之前。智能体可以根据子任务的重要程度、紧急程度和依赖关系来优化执行顺序，确保整个规划的高效和有序。

- **详细规划子任务**

每个子任务都需要智能体进行详细规划。这包括为每个任务分配资源、设定时间表、预计成本和预测潜在问题。在我们的派对策划例子中，智能体会为场地布置制定具体的布局方案，为餐饮安排确定菜单和供应商，为娱乐活动预订艺人或设备。智能体需要确保所有子任务都符合总目标的要求，并能够有效地协同工作。

此外，任务的规划通常需要遵循一些特定的约束条件，通常包括资源约束（例如时间、金钱、人力等）、环境约束（例如物理限制、法律和道德规范等）和逻辑约束（例如任务之间的依赖关系）。

2. 规划类型

- **静态规划**

静态规划适用于那些环境和条件不变的任务。在这种规划中，所有的决策因素从开始到结束都是已知且不变的。想象一下，一个机器人在一个没有任何移动障碍物的标准棋盘上移动。这种类型的规划不需要考虑外界环境的变化，只需一次性计算出最优路径即可。

- **动态规划**

与静态规划不同，动态规划用于解决那些环境或状态随时间变化的问题。在动态规划中，智能体需要不断根据环境的实时数据更新其行动策略。例如，自动驾驶汽车在行驶过程中必须实时调整其行驶路线以避开突然出现的障碍物。

- **单任务规划**

单任务规划，顾名思义，涉及的是智能体为完成一个特定任务而制定的规划。例如，一个仓库机器人的任务可能就是从一个位置移动到另一个位置并搬运货物。在这种规划中，所有的资源和策略都集中于完成这一项任务。这种规划的优势在于它的专注性和效率，但缺点是灵活性较差，不易适应任务之外的需求。

- **多任务规划**

多任务规划是指智能体同时处理多个任务，而且这些任务可能有不同的目标和优先级。在这种规划中，智能体需要有效分配资源和时间，确保整体效果最优。例如，一个服务机器人在餐厅中可能需要同时处理接待顾客、传递食物和清理桌面等任务。

- **协同任务规划**

协同任务规划发生在多个智能体需要协作完成任务的情况。这要求各个智能体之间有良好的通信和协调机制，以确保整个团队的效率。例如，多个无人机在进行搜救任务时，需要互相配合，共同搜索一个大区域。

3.2.3　阶段三：任务执行——令出必行，使命必达

规划制定完毕后，智能体就进入了任务执行阶段。在这个阶段，智能体就像一位忠诚的士兵，严格执行命令，确保使命必达。任务执行阶段的内容在此先不做讲解，3.4 节再详细解读智能体是如何执行任务的。

3.2.4　阶段四：任务反馈——总结经验，不断成长

最后，任务反馈是规划过程中不可或缺的一环。规划过程并不是一次性的，它是一个持续的、动态的迭代过程。无论任务执行的结果如何，智能体都需要从中吸取教训，这包括分析哪些行动是成功的，哪些是失败的，以及失败的原因。通过这种方式，智能体不断学习和调整，使其未来的表现更加出色。这个过程很像人类的学习过程，经过不断的试错和调整，逐步提升自我。

1. 反馈类型

- **人类反馈**

人类反馈是智能体学习过程中的一种直接指导形式。这种反馈可以是显式的，通过奖励或惩罚机制来告诉智能体哪些行为是被鼓励的，哪些是被禁止的。人类反馈还可以是隐式的，通过观察和模仿人类行为，智能体学习如何在社会环境中适应和表现。例如，一个服务机器人观察到人类服务员在餐厅中如何服务顾客，然后模仿这些行为以提高自身的服务质量。

- **环境反馈**

环境反馈则来自智能体所处的环境，包括有形环境和无形环境。例如，一个自动驾驶车辆根据实时交通状况来调整行驶路径和速度，碰撞或者交通违章则是对其行为的直接反馈，促使其优化决策系统。

- **自我反馈**

自我反馈是指智能体内部的反馈机制。通过内部监控和自我评估，智能体能够识别并纠正自身的错误。这种反馈机制通常涉及复杂的算法，使智能体能够在没有外部输入的情况下进行自我改进。例如，一个推荐系统会分析其过去的推荐成功率，并根据用户的实际点击或购买行为来调整推荐算法。

2. 相关技术

(1) ReAct

ReAct 技术融合了推理和行动，在处理任务的时候交替进行推理和行动，并且记录每次行动的信息，以供下次行动参考。ReAct 本质也是一种思维链方法，循环执行"思考-行动-观察"这一过程，如图 3.7 所示。这就好像智能体把每次行动的思考、动作和观察记录在一个"经验日记本"中，在每次执行下一个动作的时候都会拿出来"复习"一遍，来确保可以更好地执行任务。

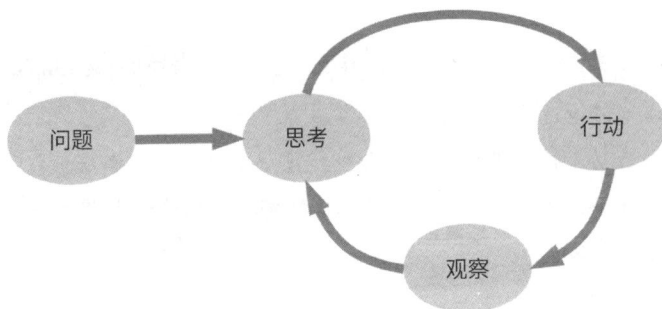

图 3.7　ReAct 架构

示例

问题：帮我规划一次从北京到巴黎的周末旅行，包括航班、酒店和活动安排。

思考：首先需要确定旅行的基本需求，如日期、预算和用户的偏好。

行动：通过 API 调用访问航班和酒店预订系统，获取可用的选项。

观察：检查返回的数据，确定是否符合用户的预算和日期要求。

思考：基于观察结果，考虑用户可能喜欢的旅行活动和地点访问顺序。

行动：搜索相关活动信息，并结合地理位置信息制订初步的行程计划。

观察：评估行程计划的逻辑性和实用性，确保没有时间冲突，适合预定的日期。

思考：反思整个行程的优缺点，考虑是否需要调整航班或酒店以更好地适应行程。

行动：根据需要，可能会重新预订航班或更改酒店预订。

观察：确认所有预订和行程计划都符合用户的期望，并且各部分紧密协调。

……

(2) Self-Refine

Self-Refine 方法通过交替进行反馈和优化操作，优化模型生成的回答。具体过程如图 3.8 所示：模型首先根据问题生成回答（操作 1）；

然后将回答重新输入给模型，让模型输出这个回答的反馈（操作2）；再将回答和反馈同时输入给模型，让模型根据反馈来优化回答（操作3）；不断重复这个过程直到满足某种停止条件。

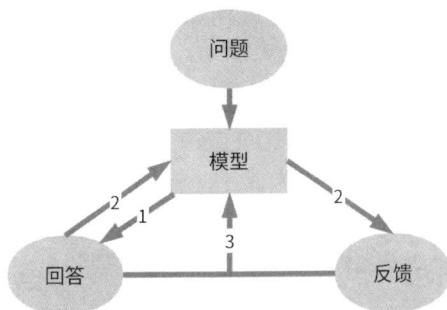

图 3.8 Self-Refine 架构

示例

假设我们有一个任务是生成关于气候变化的文章。初步目标是生成一段简短的介绍。

操作1：生成回答

- 问题："请生成一段关于气候变化的简短介绍。"
- 模型回答："气候变化是指由自然原因和人类活动导致的全球气候长期变化现象。"

操作2：生成反馈

- 输入回答："气候变化是指由自然原因和人类活动导致的全球气候长期变化现象。"
- 模型反馈："这个回答正确地指出了气候变化的原因，但没有提到气候变化带来的具体影响，如极端气候事件的增多。"

操作 3：根据反馈优化回答

- 原回答与反馈："气候变化是指由自然原因和人类活动导致的全球气候长期变化现象。这个回答正确地指出了气候变化的原因，但没有提到气候变化带来的具体影响，如极端气候事件的增多。"
- 优化后的回答："气候变化是指由自然原因和人类活动导致的全球气候长期变化现象。这包括地球平均温度的升高、海平面上升，以及极端天气事件的频率和强度增加，对生态系统和人类生活产生深远影响。"

操作 4：迭代改进

- 根据优化后的回答，再次生成反馈并继续优化，直到生成的回答满足预定的质量标准或者达到迭代次数限制。

(3) Reflexion

Reflexion 方法中包括执行模型、评估模型和自我反思模型。这三者的相互作用构成了一个动态的、持续自我优化的过程。执行模型是 Reflexion 方法中的行动主体，负责生成文本和动作。评估模型的角色是对执行模型产生的输出进行评分，判断这些输出是否符合既定的标准和目标。自我反思模型通过分析执行模型的输出和评估模型的评分结果，生成具体的反馈总结信息。这些信息不仅指出了执行模型在上一轮中的不足，也提供了关于改进的具体建议，从而促进执行模型在之后的迭代中不断进步。

Reflexion 的流程同样是自我迭代循环，如图 3.9 所示。首先，执行模型根据问题生成回答，然后评估模型对这个回答进行评分。评分后，将回答和评分一起输入自我反思模型，生成一个反馈总结信息，并将其存入记忆模块当中，在下一轮循环的时候为执行模型提供反馈参考。不断重复这个过程，直到回答满足标准或者迭代达到次数上限。这个模型的特点在于每轮的反馈信息都存储在记忆模块中，这样在执行模块生成回答的时候，可以参考前一轮或者前几轮的反馈信息，使生成回答时参考的反馈信息更加准确。

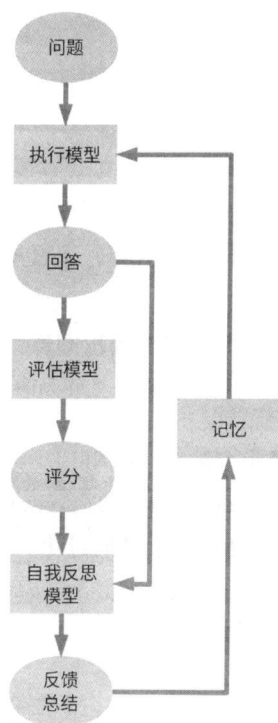

图 3.9 Reflexion 架构

3.3 记忆模块

在智能体的记忆模块中，我们将深入探讨记忆的各个层面——从感觉记忆到短期记忆，再到长期记忆，每个层级都为智能体提供了不同的记忆数据处理和存储的能力。通过了解这些记忆机制的工作原理及其在智能体中的应用，我们可以更好地理解它们如何使智能体快速响应外部刺激、处理复杂的任务，并从经验中学习和适应。

3.3.1　感觉记忆

感觉记忆是人类记忆系统的一部分，负责短暂地存储通过感官接收到的信息。这种记忆对于智能体也同样重要，因为它可以处理来自感知模块的信息，是智能体感知外部世界并快速做出反应的第一线，也需要快速决定是否对信息做进一步处理或者丢弃。

这种记忆非常短暂，持续时间通常为几秒。这种短暂性和自动性也意味着它在智能体中的作用非常有限。感觉记忆中的信息通常需要被识别和转移到下一阶段——短期记忆。例如，一个用于识别停车标志的自动驾驶汽车会通过其摄像头捕捉图像，这些图像在感觉记忆中仅保留几毫秒，但足以让系统确认这是一个停车标志并做出反应。

那么感觉记忆具体是智能体中的哪一个部分呢？我们可以把感知到的文本、图像、音频或者其他多模态数据转换成的向量表示当作感觉记忆。下面讲解什么是向量以及向量化。

相关技术

● 向量化

向量这个概念很简单，就是数字序列，例如[0, 1, 2, 3]就是一个向量。

文本、图像、音频等这些数据在被输入到模型中之前，首先会被转换成数学上的向量形式。这种量化处理是进行模型训练的基础，使得模型能够理解和处理这些数据。

例如，在处理图像数据时，原始的图像会被转换成像素值的矩阵，进而转换成向量，这样的数据才能被计算机算法处理和"理解"，如图 3.10 所示。文本数据处理也类似，原始的文本会通过诸如 Word2Vec 等技术转换成向量，以便进行进一步的机器学习处理。

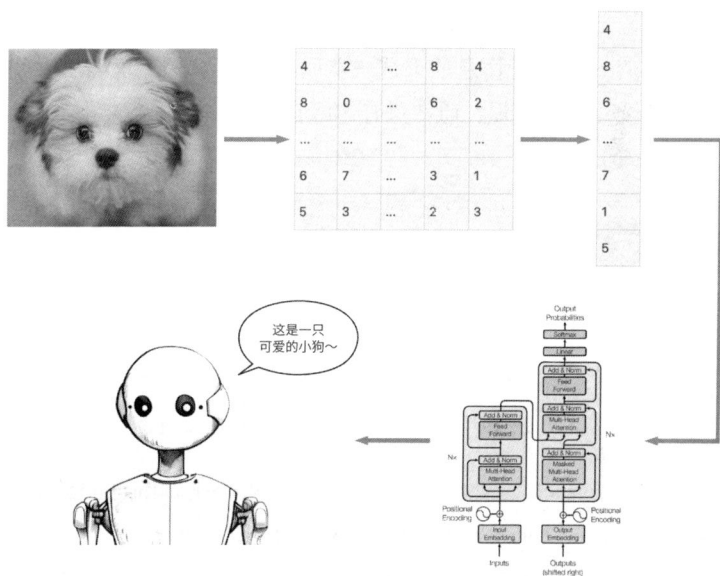

图 3.10 向量化示例

3.3.2 短期记忆

想象一下，你在繁忙的街道上行走，突然间，一辆鲜红色的跑车呼啸而过。在这一瞬间，你的大脑快速记录下了这辆车的颜色、形状和速度，这就是人类的短期记忆在起作用。同样，智能体在处理信息时，也需要一种机制来临时存储和处理即时的数据——这就是我们所说的短期记忆。

智能体的短期记忆使其能够在对话或任务中保持连贯性，理解上下文，并做出更加精准的响应。例如，一个聊天机器人会将用户最近的几个问题和相关上下文保留在它的短期记忆中，这样可以在对话中提供连贯的回答。这种记忆通常依赖于算法和数据结构，如栈（先进后出）或队列（先进先出），以保持信息的时效性和相关性。

短期记忆的容量相对有限。经典的研究表明，大脑的短期记忆大约可以容纳 5 到 9 个信息项，这一发现常被称为"米勒定律"。短期记忆的持续时间也较短，通常只有 20 到 30 秒，除非通过重复等方法进行刷新或加固。

> **相关技术**
>
> ● **上下文窗口**
>
> 在大模型中，短期记忆机制是通过有限长度的上下文窗口实现的。这意味着模型只能"记住"或处理有限数量的输入数据。
>
> Transformer 模型是当前大模型的基础。Transformer 模型并没有传统意义上的类似于 LSTM 模型的"记忆单元"，该"记忆单元"依赖状态的持续传递来处理序列数据。相反，Transformer 使用称为"上下文窗口"的机制来处理信息。这个窗口定义了模型在任何时候可以考虑的输入数据的范围。例如，在文本处理任务中，如果一个模型的上下文窗口设置为 512 个词，那么在生成文本或理解段落时，模型每次只能"看到"最多 512 个词。
>
> 这种方法的优势在于，它允许模型快速处理信息，因为每次只需关注限定的数据段。然而，这也是其局限性所在，因为当需要理解更长的内容或依赖更广泛的上下文时，模型可能无法访问足够的信息。

尽管有上下文窗口的限制，但 Transformer 模型通过并行处理和自注意力机制的高效性，能够在多种语言处理任务中表现出极高的性能。Transformer 的架构也是后来许多高效语言模型的基础，例如 BERT 和 GPT 系列，这些模型通过预训练和微调，在特定任务上达到了前所未有的准确率和效率。

- **自注意力机制**

就像我们人类一样，Transformer 也有"注意力"，并且这是模型的核心，它允许模型在处理任何一个词时，都能够考虑到句子中的所有其他词。通过这种机制，模型可以计算句子中每个词对当前正在处理的词的重要性，并据此调整自己的焦点，也就是"注意力"。这就可以使模型在有限的上下文窗口中，获得更加精准的信息。

举个例子，如图 3.11 所示，在机器翻译任务中，假设模型正在翻译这样一个句子："天气不错，我们去公园吧。"当处理"公园"这个词时，自注意力机制可以使模型注意到"去"这个词，因为"去"表明了一个移动的动作，这对于理解"公园"作为目的地的语境非常重要。同样，"天气不错"这部分也会受到一定的关注，因为它解释了为什么要去公园。通过这种方式，自注意力机制帮助模型更全面、更准确地理解句子的含义，从而生成更自然、更准确的翻译。

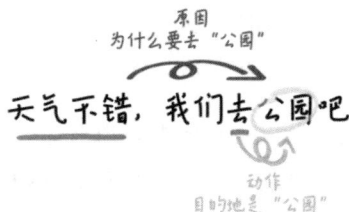

图 3.11　自注意力机制示例

通过自注意力机制，Transformer 能够捕捉句子内复杂的、动态的依赖关系，这对于理解和记忆信息来说至关重要。

- **上下文学习**

传统的机器学习需要先在大量数据上进行学习，然后再根据具体的任务进行调整。而上下文学习则让模型能够根据它所接收到的即时信息来学习和做决策。

想象你在教一个朋友下象棋，你不太可能从象棋的历史讲起，而是直接教他棋子的走法和游戏策略，或者直接下一局象棋让他学习。上下文学习正是这样，它在模型需要解决问题时，先提供相关信息或者几个示例，让模型可以"现学现卖"。模型分析和理解给定的问题，并根据这个特定的上下文来做出回应。这意味着每次的输入都是全新的挑战，模型需要即兴发挥。

上下文学习提供了一种高效、灵活的学习方法，它利用人类的学习机制，允许模型通过学习少量的示例来迅速适应新任务。这种方法降低了成本，提高了操作的直观性。

3.3.3 长期记忆

长期记忆让智能体可以存储大量的甚至几乎无限的信息。类似于人类如何依靠记忆来学习和适应新情况，这种记忆功能允许智能体"记住"之前的互动、学习的信息，以及错误的教训，使它们能够在未来的类似场景中做出更好的反应。

例如，一个家庭机器人能够通过长期记忆学习家庭成员的日常习惯和偏好。如果机器人观察到家中的某位成员每天晚上喜欢在客厅阅读，它就会"记住"在傍晚时自动打开客厅的灯光，并调整至适宜的亮度。同样，如果机器人注意到家中的孩子每周二和周四放学后需要辅导作业，它就可以提醒成人在这些时间点留在家中或检查孩子的学习进度。通过长期记忆，机器人不断适应家庭的需求，使其服务更加贴心和高效。

相关技术

- **向量数据库**

向量数据库是完成长期记忆的基础设施，是一种专门设计来存储和处理向量数据的数据库。在人工智能领域，尤其是在处理复杂查询和大规模数据集时，向量数据库会显示出其独特的优势。在基于大模型的智能体中，这些向量通常是由深度学习模型从数据中提取的高维特征表示。这种表示能够捕捉到数据的深层语义关系，使得模型在面对海量信息时能迅速定位到相关内容。

- **RAG（检索增强生成）**

RAG 为智能体提供了一种动态利用长期记忆的方法。RAG 技术包含检索和生成两个阶段。

在检索阶段，模型接收到问题后，在向量数据库中搜索与问题最相关的信息。这一过程通常使用与向量相似度计算相关的算法，来计算问题的向量与数据库中的信息向量的相似度，并将相似度最高的信息作为检索结果。在生成阶段，生成式 AI 模型会使用检索到的信息作为输入的一部分，结合原本的问题来生成回答。在这个阶段，模型不仅仅依赖于模型内部的知识（训练过程中学习的知识），还利用了外部知识库中的知识。

RAG 技术赋予了智能体长期记忆的能力，从而让智能体进行"持续学习"成为可能。持续学习是指智能体在其生命周期中不断地从新数据和经验中学习，持续更新其长期记忆库的能力。这一过程对于智能体的适应性和进化至关重要，因为它允许智能体不断调整其知识库，以应对新的挑战和环境变化。

此外，RAG 结合了深度学习模型的强大生成能力和外部知识源的丰富信息。这种结合使得模型在处理特定问题时可以表现出更高的灵活性和适应性，生成的回答也更加全面且准确。此外，由于直接利用实时更新的外部数据库，RAG 生成的内容能够反映最新的信息和数据，为用户提供最具时效性的回答。

例如，让智能体撰写一篇关于减少城市碳排放的论文。智能体可以通过检索向量数据库中之前写论文时犯过的错误，来避免错误再次发生。同时，智能体也可以在向量数据库中检索到关于城市规划、交通系统和可再生能源的相关文献，并综合这些信息生成一篇准确的、全面的、专业的论文。

从瞬时的感觉记忆到保持对话连贯性的短期记忆，再到存储丰富知识的长期记忆，每种记忆类型都在智能体的设计和运行中发挥着不可或缺的作用。这些记忆系统不仅帮助智能体优化其当前任务的执行，还使它们能够不断地从新的数据和交互中学习，适应并进化。随着技术的发展，这些记忆机制的完善将是推动未来智能体发展的关键一步。

3.4 执行模块

在智能体的执行模块中，除了生成文本、处理多模态数据等大模型本身的执行能力以外，智能体很多时候需要通过"请求外援"来更好地执行任务。所以这一节将主要讲解智能体的工具使用方面的内容。

在智能体的世界里，"工具"的意义远超我们通常理解的日常工具，比如锤子和钳子。这里的工具，不仅包括可以摸得到的硬件设备，还有各种程序和软件，它们帮助智能体完成任务和解决问题，甚至是以前无法完成的高复杂度或高精度的任务。例如，在旅行途中，智能体可以调用导航软件或者 GPS 来帮助我们找到目的地。对智能体而言，工具既可以是帮它"看"路的摄像头，也可以是让它"思考"和"学习"的计算程序。通过使用工具，智能体不再受限于最初的程序设定或者物理构造，而是可以随时扩展、持续进化，以更好地适应复杂多变的现实世界。

3.4.1 什么是工具

工具指的是任何由智能体操作的外部系统或设备，这些系统或设备能够扩展智能体的功能，帮助其更好地与环境互动。工具可以大致分为软件工具和硬件工具。

软件工具通常指的是那些可以直接集成到智能体系统中，通过代码和算法实现其功能的工具。这些工具主要包括以下几类。

- ❑ **算法库**：例如，一个智能体可能会使用机器学习算法库来处理图像识别任务，这些库提供了复杂的数学模型，帮助智能体从图片中识别和分类对象。
- ❑ **数据库和知识库**：智能体可以查询这些资源以获取必要的信息或数据，从而支持决策过程。例如，一个健康咨询智能体可能需要访问医疗数据库来提供基于证据的健康建议。
- ❑ **云服务**：这些服务提供了计算资源、存储空间和高级 API，允许智能体执行大规模计算任务或存储大量数据，而不受本地硬件的限制。

硬件工具则是实体设备，这些设备可以直接与智能体的软件系统连接或相互作用，以实现特定的物理任务。这类工具通常包括以下几类。

- **传感器**：传感器帮助智能体感知周围环境，例如温度传感器、摄像头、雷达等。这些设备为智能体提供关于操作环境的实时数据，增强其对环境的响应能力。
- **执行器**：实现物理动作的设备，如电机、机械臂等。在制造业的机器人智能体中，执行模块使机器人能够进行如移动、组装产品等具体操作。
- **移动平台**：例如无人驾驶或自动导航车辆，它们允许智能体在空间中移动，执行运输、监控或搜寻等任务。

3.4.2 为什么使用工具

无论是设计通用智能体，还是用于执行特定任务的智能体，这些设计往往围绕着预设的环境和预期的功能，而现实世界的复杂性往往超出了这些预设范围。所以，在很多情况下，这种局限性使得智能体在没有适当工具的帮助下难以有效地执行任务或适应新环境。具体来说，使用工具可以给智能体带来以下几点好处。

- **功能扩展**：智能体原本的设计可能是为了完成特定的任务，但通过使用工具，它们的功能可以得到显著的扩展。例如，一个简单的机器人手臂，通过加装不同的末端工具（如夹具、焊枪或画笔），就能从仅进行单一的搬运作业的设备转变为能够进行焊接、绘画等多种作业的多功能设备。工具的使用使得智能体不仅能够执行原有的任务，还能接手新的、更复杂的任务。
- **提高能力和效率**：工具能够让智能体以更高的效率和更好的性能完成任务。例如，通过利用先进的数据分析软件，智能体能够快速地从大量数据中提取有用信息，大大提高了数据处理的速度和准确性。在生产线上，自动化机械臂配合精确的传感器可以加快生产速度，同时减少错误和材料浪费。

- ❑ **增强感知**：智能体可以通过工具显著增强其感知环境的能力。例如，通过装配高分辨率摄像头和先进的声音识别设备，一个智能安防系统可以更准确地识别异常情况。

- ❑ **适应新环境**：工具的使用也使智能体能够更好地适应新的或不断变化的环境条件。例如，通过安装不同的传感器（如地质雷达、大气分析仪），无人探测车能够在多种地表和气候条件下进行探测任务。

3.4.3 如何使用工具

智能体使用工具的方式是多样且复杂的。这不仅涉及工具的选择和应用，还包括了工具的集成、操作和维护。了解如何有效地使用工具，对于提升智能体的性能和适应性至关重要。

1. 选择合适的工具

首先，智能体或其开发者需要根据任务需求和现有环境，确定所需的工具类型。这一步至关重要，因为选择不当可能会导致资源浪费或任务失败。进行选择时，需要考虑以下几个方面。

- ❑ **工具的功能性**：工具是否能够满足任务的特定需求？例如，如果任务与图像处理有关，那么是否应选择具有高级图像识别功能的工具？

- ❑ **工具的兼容性**：所选择的工具是否能与智能体现有的系统或硬件无缝集成？

- ❑ **工具的可扩展性**：随着需求的变化，工具是否能够适应新的挑战和环境？

- ❑ **成本效益**：工具的成本是否符合预算？其长期的运维成本和效益是否合理？

2. 集成工具

选择了合适的工具后，下一步是集成这些工具到智能体的系统中。这一过程可能涉及软件编程、硬件安装和系统配置。在集成工具的过程中需要注意的关键点如下。

- ❑ **接口适配**：确保工具的接口与智能体的系统兼容，必要时开发中间件或适配器。
- ❑ **数据交换**：设置合适的数据交换协议，确保数据能够在智能体和工具之间准确、高效地传输。
- ❑ **测试和调试**：在实际应用前，进行充分的测试以确保工具的功能与智能体的其他部分协同工作无误。

3. 操作工具

集成工具之后，智能体需要能够熟练地操作这些工具以完成任务。这通常需要智能体能够根据环境变化或任务要求自动调整工具的使用方式。操作工具时需考虑的因素如下。

- ❑ **自动化控制**：智能体应该能自动控制工具的运作，无须人工干预。
- ❑ **动态调整**：智能体需要能够根据实时数据和环境变化调整工具的设置或操作模式。
- ❑ **故障响应**：智能体应具备识别和响应工具操作中出现的问题的能力，必要时进行自我修复或请求外部支持。

4. 反馈与优化

最后，智能体在使用工具的过程中需要不断收集反馈，以优化工具的性能和使用策略。具体而言，这包括以下几点。

- ❑ **性能监控**：定期检查工具的运行状态和效果，评估是否达到了预期的任务效果。

❑ **反馈循环**：将实际操作中收集到的数据和结果反馈给智能体的决策系统，用于调整操作参数或改进决策算法。

❑ **持续学习**：智能体应能利用机器学习等技术，根据历史数据和经验不断优化工具的使用效率和准确性。

3.4.4　MCP 是什么

想象一下，你新买了一台笔记本电脑，却发现充电器、鼠标、外接显示器都需要不同的接口——Type-C、Lightning、HDMI、USB-A……这种混乱的局面正是当前 AI 应用开发的真实写照。2024年 11 月，Anthropic 公司推出的 MCP 就像 AI 世界的 USB 接口，正在终结这场"连接混乱"。

1. 什么是 MCP

MCP（Model Context Protocol，模型上下文协议）是一种标准化的开放协议，用于统一 AI 大模型与外部数据源和工具之间的交互方式。可以将 MCP 想象成 AI 世界的"USB 接口"，它让不同设备之间实现即插即用，让大模型能够无缝连接各种数据源、工具和服务。

2. MCP 的优势

● **标准化集成，让 AI 连接万物**

在 MCP 诞生之前，AI 模型应用往往受到"数据孤岛"的限制——每个平台都有自己独立的数据和工具，而 AI 想要访问这些资源，就必须通过定制的 API 或特定的集成方式。这不仅增加了开发难度，也限制了 AI 在不同环境中的灵活性。Anthropic 的工程师们在开发Claude 时就深有体会："我们 80%的精力都花在重复的对接工作上，真正提升 AI 能力的创新反而没时间做。"

MCP 的出现解决了这个问题，它建立了一种通用集成标准，让所有符合 MCP 规范的数据源和工具都可以像插件一样接入 AI 模型，避免了针对每次集成单独开发的困扰。这种高度集成的能力，使 AI 不再只是一个聊天机器人，而是一个真正能帮你完成复杂任务的智能体。

- **保护数据隐私，提升安全性**

在很多 AI 应用中，数据隐私和安全性是至关重要的。例如，在医疗、金融、法律等行业，敏感数据不能被随意共享，而传统的 API 方式往往需要将数据上传到云端服务器进行处理，存在隐私泄露的风险。

MCP 通过本地化部署和授权访问机制，确保数据和工具的使用权限完全掌控在用户手中。所有的交互请求都由 MCP 服务器处理，并且可以根据用户需求，设定不同级别的访问权限。这种方式不仅保证了数据的安全性，也让 AI 应用能够更广泛地应用于需要高隐私保护的场景。

- **构建丰富的 AI 生态，提升可扩展性**

MCP 允许企业灵活接入不同的 AI 模型、数据源和工具，这样有助于构建一个兼容性强、易于扩展的 AI 生态体系。这种设计思路使企业能够快速响应市场变化，提高整体创新能力。

MCP 不仅降低了技术门槛，还加快了 AI 技术的应用落地。在未来的发展中，MCP 可能会成为 AI 生态建设的重要基石，助力各行业实现智能化升级。

3. 技术架构

MCP 采用 CS（客户端-服务器）架构，总体架构如图 3.12 所示。

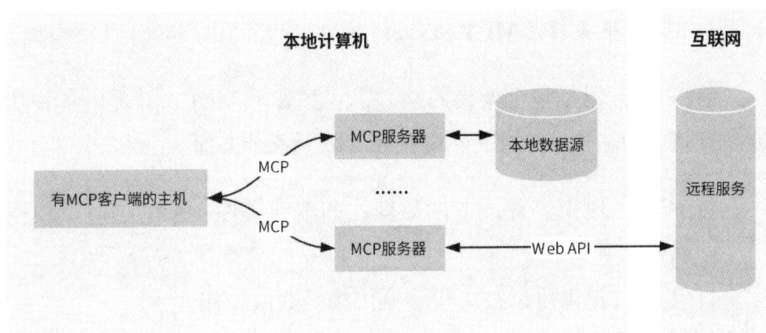

图 3.12　MCP 总体架构

MCP 架构包含以下几个关键部分。

• MCP 主机（MCP Hosts）

MCP 主机是发起请求的 AI 应用程序，它们希望通过 MCP 访问外部数据或工具。例如：Claude Desktop、AI 驱动的 IDE（如 Cursor）、其他 AI 应用（如聊天机器人、自动化助手等）。

• MCP 客户端（MCP Clients）

MCP 客户端是 MCP 主机和 MCP 服务器之间的桥梁，与服务器一对一进行连接，负责与服务器进行通信，执行数据请求和工具调用。它的主要功能如下。

❑ 从 MCP 服务器获取可用的工具列表。
❑ 将用户的查询和工具描述一起发送给大模型。
❑ 接收大模型的决策，判断是否需要使用工具。
❑ 通过 MCP 服务器调用相应的工具，并获取返回结果。
❑ 将结果反馈给大模型，由大模型生成最终的自然语言响应。

- **MCP 服务器（MCP Servers）**

MCP 服务器是整个架构的核心，它实现了 MCP，并提供各种功能来支持 AI 应用。它的主要功能涉及以下三个方面。

- ❑ **资源**：提供可被读取的数据，如本地文件、API 响应、数据库等。
- ❑ **工具**：提供可以被大模型调用的函数或操作。
- ❑ **提示词**：提供预定义的提示词模板，帮助用户完成特定任务。

每个 MCP 服务器通常专注于特定的任务，例如：读取和写入浏览器数据、访问本地文件系统、操作 Git 仓库、连接远程 API 等。

- **本地数据源（Local Data Sources）**

MCP 服务器可以访问计算机上的本地资源，例如：本地文件（如 PDF、Word 文档、代码文件）、本地数据库（如 SQLite、PostgreSQL）、其他本地应用的数据等。本地数据源的特点是数据不会上传到远端，确保数据安全性。

- **远程服务（Remote Services）**

MCP 服务器也可以连接到远程资源，例如：在线 API、企业内部系统、其他基于云端的数据服务等。远程服务通常通过 API 访问，并由 MCP 服务器进行管理，确保访问权限的控制。

4. 工作流程

MCP 的工作流程可以概括为一系列环环相扣的步骤。

(1) 连接：建立通信通道

首先，MCP 主机需要连接到 MCP 服务器。这个过程类似于计算机连接到网络服务器。MCP 客户端启动并查找可用的 MCP 服务器。服务器验证请求，建立通信通道。连接建立后，客户端可以获取可用的资源、工具和提示信息。这种连接方式的好处是灵活性极高，主机可以同时连接多个 MCP 服务器，从而获取不同的数据源或工具。

(2) 发送请求：主机请求数据或操作

当用户在 AI 应用中提出请求时，MCP 客户端会解析用户输入，识别任务类型，然后选择合适的 MCP 服务器发送请求。请求可以是数据查询、函数调用或执行特定任务。

(3) 处理请求：服务器执行操作

服务器收到请求后，会执行相应的操作，可能涉及访问本地数据源、调用远程 API、执行计算任务或者组合多个数据源提供综合信息。

(4) 返回结果：服务器将响应发送回主机

MCP 服务器完成请求处理后，会将结果打包并发送回 MCP 客户端。这一步类似于我们在浏览器中输入网址后服务器返回网页内容。

(5) 生成响应：AI 处理数据并反馈给用户

MCP 客户端收到服务器返回的数据后，会将其传递给 AI 应用进行进一步处理，例如：解析数据并以用户可理解的方式呈现、根据数据生成最终的 AI 响应、调用额外的工具或插件等。

(6) 断开连接（可选）

在某些情况下，MCP 客户端可能会主动断开与服务器的连接，例如：任务已完成无须继续访问、服务器端长时间未收到请求并自动断开、服务器需要进行维护并强制断开连接等。当然，如果 MCP 服务器需要长期提供服务，连接也可以保持活跃，以确保随时可以处理新的请求。

以下是 MCP 完成一次工作流程的完整示例，如图 3.13 所示。

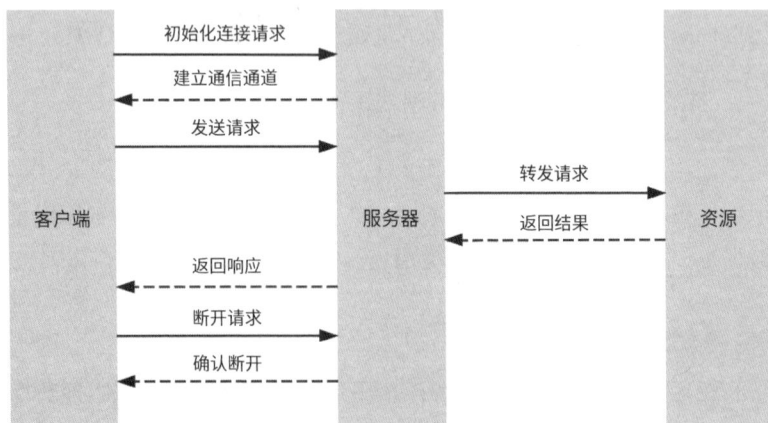

图 3.13 MCP 工作流程示例

MCP 的推出标志着 AI 生态系统向更开放、更标准化的方向发展。它不仅让开发者能够更高效地构建 AI 应用，还极大地提升了 AI 的自主性，让智能体可以更容易地自由探索和操作数字世界。

3.5 结语

通过对智能体内部结构的深入了解，我们可以看到这些看似独立的模块实际上是如何密切协作的，它们像是乐队中的乐器，各司其职又和谐统一，共同创造出美妙的音乐。从接收外部信息的感知模块到最终执行任务的执行模块，每一步都精确无误，证明了智能体设计的巧妙和先进。这一切的背后，是对技术的不断探索和突破，这使得智能体不仅能在特定场景下帮助人类，更有潜力在未来成为我们生活中不可或缺的伙伴。

第 4 章　多智能体系统
——多个智能体是如何工作的

在人工智能的广阔领域中，多智能体系统（MAS，Multi-Agent System）是一个特别有趣的分支。它描述的是一个由多个相互作用的智能体组成的系统，其中每个智能体都具备自己的感知能力、决策逻辑和行动方案。多智能体系统可以应用于各种复杂环境，从智能家居控制到高级机器人协作，这些智能体通过相互合作或竞争，实现个体所不能独立完成的复杂任务。

4.1　多智能体系统简介

4.1.1　定义

我们可以把多智能体系统想象成一个团队，其中每个成员都是一个智能体，具备独立思考和行动的能力。就像在一个足球队中，每个球员都有自己的位置和任务，他们必须相互配合，通过传球、防守和进攻来赢得比赛。智能体在系统中的行为是自主的，即它们根据自己的知识和目标，独立进行决策和行动。这些智能体拥有局部视野，仅能观察到环境的一部分，而不是全局信息。这种系统的力量在于群体的智慧，通过多个智能体的合作，可以完成比单个智能体单独行动更高效和更复杂的操作。

想象一个可以进行软件开发任务的多智能体系统，由产品经理、设计师、开发工程师和测试工程师组成，每个角色在这个多智能体系统中都扮演着一个独立并且可以互动的智能体，如图 4.1 所示。"产品经理"智能体负责收集和分析市场数据及客户反馈，定义产品的功能和优先级，它们与"设计师"智能体紧密合作，确保设计方案能够满足市场需求并提供优质的用户体验。"设计师"智能体则将这些需求转化为具体的界面设计，与"开发工程师"智能体讨论实现的可行性，并根据技术团队的反馈进行调整。"开发工程师"智能体负责编写代码，实现所需的功能，同时与"测试工程师"智能体协作，确保代码质量，及时修复发现的任何缺陷。在这个过程中，每个团队成员不仅需要在自己的职责范围内做出决策，还需要与其他团队成员进行有效的沟通和协作，共同推动项目的成功。

图 4.1 "软件开发"智能体团队

4.1.2 优势

相比于独立的智能体,多智能体系统的结构和协作方式使其在处理现实中的复杂任务时可以表现出明显的优势。

- **更复杂的任务处理**

多智能体系统通过整合不同智能体的专长和功能,可以共同解决单个智能体难以独立完成的复杂任务。这种协作能力使得系统可以执行更复杂的操作序列和决策过程。例如,在紧急医疗响应系统中,多种类型的智能体协作,确保患者在最短时间内得到救治。救护车智能体实时报告患者状况和预计到达时间,医院智能体准备接收设施,交通管理智能体调整信号灯,优化救护车的行进路线。

- **更分布的任务处理**

多智能体系统天生适合处理分布式任务。智能体可以在地理上广泛分布,各个智能体在各自的位置执行任务,然后将执行结果集合起来进行决策,这样的分布式操作提升了时间效率和资源利用率。例如,在智能电网系统中,分布在不同地理位置的智能体监测和控制各自区域的能源消耗和生产,可以综合考虑所有智能体的情况,对整个电网的能效进行优化。

- **更快的数据处理速度**

多智能体系统中的并行数据处理可以显著提升整体处理速度。每个智能体处理自己能获取的数据,然后通过高效的通信网络共享处理结果,极大地加快了决策和响应速度。例如,大型电子商务平台使用多智能体系统来处理数百万用户的实时交易数据,确保系统的响应速度和效率。

- **更多样化的角色**

多智能体系统中的智能体可以根据需要承担多种角色,使得系统可以灵活应对多变的任务需求,提升整体的操作效率。例如,在自动化制造中,不同的机器人可以承担组装、检测、包装等不同的角色,根据生产需求灵活切换任务。

- **更可靠的运行**

多智能体系统的冗余设计提高了系统运行的可靠性。即使部分智能体出现故障,其他智能体也可以接替其完成任务,保证系统的持续运作。例如,在自动化物流系统中,如果某一搬运机器人发生故障,其他机器人可以暂时接替它完成任务,确保物流不中断。

- **更灵活的任务分配**

系统可以根据每个智能体的当前状态和能力灵活分配,优化系统的整体性能。例如,在多机器人探测系统中,根据每个机器人的电量和位置,动态调整探测任务的分配,以最大化探测效率和覆盖范围。

- **更优化的资源管理**

通过智能体之间的资源协调和信息共享,多智能体系统可以更有效地管理和优化资源使用,减少浪费。例如,在智慧城市管理系统中,各个智能体,如电力、水务和交通系统,相互协调,根据居民的实时需求动态调整资源供应,实现资源的最优分配。

- **更方便的扩展**

多智能体系统在设计上易于扩展,可以根据需求增减智能体数量,适应不同规模的任务和环境变化。例如,在灾难响应和救援操作中,多智能体系统可以根据救援任务的规模和复杂度动态调整智能体的数量。在大规模自然灾害(如地震或洪水)发生后,救援队可能需要迅速扩大操作规模，此时可以部署更多的无人机和地面机器人智能体来搜索和救援幸存者。

4.2 多智能体系统工作原理

下面我们将全面展开讨论，深入解析多智能体系统运行的多种关键方式——从智能体之间的合作与竞争交互模式到工作流程的设计，以及智能体的执行方式和角色分配。我们将探索这些元素如何共同作用，以实现系统的高效运作、适应环境变化，并针对不同任务进行灵活扩展。通过详尽地解析这些核心原理和操作方式，我们可以揭示它们如何高效地解决问题，这不仅有助于优化现有系统的设计，还可以启发未来的创新，推动智能系统的发展。

4.2.1 协作方式

在多智能体系统中，智能体之间的协作通常有两种主要模式：合作模式和竞争模式。这两种模式定义了智能体如何相互作用以达成各自或共同的目标。

1. 合作模式

合作模式是智能体通过密切协调来共同完成任务或解决问题的一种方式。在这种模式下，各个智能体分享重要的信息和资源，从而使整个系统的决策和行动更加优化和高效。例如，在智能制造场景中，不同的机器人智能体根据各自的功能和位置，被分配到适合它们能力的特定任务，如组装、焊接或包装。

这些智能体不仅交换各自的状态信息和进度更新，还可能需要协调彼此的动作以避免冲突和资源浪费。通过这种方式，系统能够实现更高的工作效率和精确度，同时降低错误率和成本。这种模式的成功依赖于每个智能体能够可靠地执行其任务并有效地与其他智能体通信，共享关键信息。这种合作关系建立在信任和共享目标的基础上，集体的努力大于智能体个体的利益。

2. 竞争模式

竞争模式下的智能体为了达成各自的目标而进行竞争。这种模式通常出现在资源有限或目标相冲突的情况下，智能体必须通过优化自己的策略来超越对手或获得更多资源。在竞争模式下，每个智能体独立地做出决策，并试图最大化自己的利益，有时这可能会与其他智能体的目标直接相冲突。例如，在电子商务市场中，多个零售商智能体可能竞争同一消费者群体，通过调整价格、改善服务质量或提供更快的配送选项来吸引更多的客户。这种竞争激励智能体寻找创新的解决方案以提升自身的吸引力和市场份额。

竞争模式不仅限于经济领域，它也广泛应用于资源分配、策略游戏和优化任务等多种场景。在资源分配问题中，多个智能体可能需要争夺有限的能源或空间资源，每个智能体都必须评估其他智能体的可能行为并据此调整自己的策略，以确保资源的最优利用。在策略游戏如象棋或围棋中，智能体通过预测对手的移动来制定自己的走棋策略，目的是最终获得比赛的胜利。

此外，竞争模式还可以带来系统效率的提升。在一定条件下，适度的竞争可以激发智能体寻找更快、更有效地完成任务的方法，从而推动整个系统向着更高的效率和更强的适应性发展。然而，过度的竞争可能导致资源浪费和系统效能下降，因此在设计多智能体系统时，平衡竞争和合作是至关重要的。

总体来说，竞争模式是多智能体系统中一种复杂但极具动态性的交互形式，它要求智能体在保证自身最大利益的同时，考虑整个系统的平衡和效率。

合作与竞争在多智能体系统中并非相互排斥，很多情况下，智能体需要根据环境和任务需求灵活地切换模式。例如，在某些情况下，智能体可能在初期竞争资源，一旦资源分配完成，则转而合作完成任务。这种动态的交互方式使得多智能体系统能够适应复杂多变的实际应用场景，展现出非常高的灵活性和效率。

4.2.2　工作流程

工作流程的设计对于实现系统的高效和有效运作至关重要。根据任务的性质和智能体间的协作需求，工作流程可以采取多种形式。以下是三种常见的工作流程，每种流程都有其独特的特点和应用场景。

1. 顺序流程

顺序流程是多智能体系统中最基本的流程形式，任务的执行严格按照预定的顺序进行。在这种流程中，智能体或任务组需要完成一系列步骤，每个步骤的完成为下一个步骤的开始提供了必要的条件。这种线性的任务管理方式适用于那些步骤之间有明确依赖关系的场景。例如，如图 4.2 所示，在一条自动化装配线中，前面的机器人将零件放到生产线上并打包，后面的机器人负责统计和封装。每个步骤必须按照这个顺序进行，以确保产品的正确组装和质量。

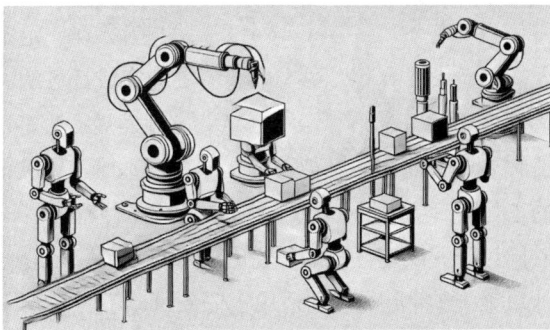

图 4.2　流水线中的机器人按照顺序流程工作

2. 层次流程

层次流程涉及多级决策结构,通过高层智能体指导低层智能体的行动来组织和执行任务。在这种流程中,不同层级的智能体负责不同级别的决策和任务执行,高层智能体通常负责制定策略和协调较低层级智能体的工作。这种模式适合复杂任务的执行,尤其是那些需要多层决策和广泛协调的大型项目。例如,如图 4.3 所示,在一个物流系统中,高层智能体可能负责整体的路线规划和资源分配,而低层的智能体则执行具体的货物装载、运输和卸载任务。

图 4.3 按照层次流程工作的机器人

3. 共识流程

共识流程要求智能体通过某种形式的协商达成一致决策,这是一种民主化的工作管理方法,如图 4.4 所示。在这种流程中,所有参与的智能体共同讨论并决定任务的执行方式和进度,目标是通过集体智慧达成最佳决策。这种流程特别适用于任务目标不明确或环境不断变化的情况,需要智能体共同评估情况并灵活调整计划。例如,在环境监测任务中，若干智能体可能需要根据实时数据共同决定监测重点和资源分配。如果检测到某区域的环境指标异常，系统中的智能体将共同决定是否调整监测重点，集中资源以深入调查并解决可能的环境问题。

图 4.4　共同协商的机器人按照共识流程工作

通过这三种流程，多智能体系统可以应对各种复杂和动态的环境，有效地完成各种任务。每种流程都有其适用的场景和优势，选择合适的工作流程可以极大地提升系统的效率和效果。

4.2.3　执行方式

智能体的执行方式是系统设计的关键要素之一，它直接影响到系统的响应速度、效率以及在动态环境中的适应能力。智能体的执行方式有以下两种。

1. 同步执行

同步执行方式要求系统中的所有智能体在同一时刻或预定的时

间点进行状态更新和决策。这种严格的时间协调确保了系统行为的一致性和可预测性，使得整个系统的动作协调一致。同步执行适用于那些需要高度一致操作的任务，例如精密的工业机器人协作操作，其中任何一个智能体的微小偏差都可能导致整个操作的失败。

同步执行的挑战在于它依赖于所有智能体的及时响应和高效通信。任何智能体的延迟都可能导致整个系统的停滞，因此，这种方式需要系统内部和外部环境的高度稳定和可预测。

2. 异步执行

异步执行方式允许智能体在没有等待其他智能体的情况下独立进行状态更新和决策。这种方式提高了系统的灵活性和可扩展性，特别是在面对动态变化的环境或任务时。智能体可以根据自身接收到的信息和当前的环境状况实时做出响应，而不是依赖于系统中的其他部分。

异步执行在需要处理复杂环境或大规模系统的应用中尤为重要，例如灾难响应或大规模监控系统。在这些情况下，智能体需要快速、独立地适应局部变化，同时系统也能支持有着不同响应时间和计算能力的智能体。

异步执行允许系统更好地适应成员之间能力和响应速度的差异，但也带来了协调和数据一致性的挑战。在设计时，需要考虑如何有效集成和处理来自不同智能体的信息，以确保系统的整体目标得以实现。

总的来说，同步执行和异步执行各有优势和局限，选择哪种执行方式取决于特定应用的需求、智能体的能力以及环境的特性。理解这两种模式的工作原理和适用场景，是设计和实现有效多智能体系统的基础。

4.2.4 角色分配

角色分配是决定每个智能体如何参与整体任务执行的关键部分。角色分配不仅影响任务的执行效率和成功率，也关系到系统的灵活性和适应性。智能体的角色分配有静态和动态两种方式。

1. 静态分配

静态分配是一种在系统起始阶段或设计阶段就确定智能体角色的方法。在这种方式下，每个智能体被赋予一个或多个特定的任务或角色，这些角色在整个运行期间通常不会改变。静态分配的主要优点是其结构简单和可预测性强，使得系统的管理和监控变得相对容易。例如，在一个自动化的仓库管理系统中，静态分配可以明确区分各类机器人的职责：一些机器人专门负责拣选货物，而其他机器人则负责打包和装载。这样的角色划分有助于优化各个流程，减少任务切换所需的时间和资源，提高整体的作业效率。

静态分配适用于环境相对稳定且任务需求一致的情况，如生产线操作、特定的数据处理任务等。然而，这种分配方式的缺点是缺乏灵活性，一旦面对突发事件或非常规任务，系统的适应能力可能受限。

2. 动态分配

与静态分配相对的是动态分配，这种方式允许系统根据当前的环境状况和任务需求实时调整智能体的角色。动态分配提高了系统的适应性和灵活性，使得智能体可以根据实际情况优化其行为和任务。动态分配特别适合那些环境不断变化或任务多样化的应用场景。它可以有效地应对突发事件，优化资源分配，提高系统整体的响应速度和效能。但同时，这种分配方式也需要高度复杂的决策支持系统和强大的实时数据处理能力，以确保智能体能够迅速且准确地做出调整。

采用恰当的分配策略，不仅可以提升系统的操作效率，还可以增强系统对复杂环境的适应能力。静态分配和动态分配各有优势和局限，系统设计者需要根据具体的应用需求和环境条件来选择最合适的分配策略。

4.2.5　组织方式

多智能体系统的设计可以是去中心化的，也可以是部分去中心化或完全中心化的，这主要取决于系统的具体需求和目标。

在一个去中心化的系统中，没有中心控制结构，每个智能体都可以独立地操作并做出决策。这样的系统通常更为灵活和健壮，因为它们不依赖于任何单一的控制点，这样即使部分系统发生故障，其他部分也可以继续运行。

然而，并非所有多智能体系统都需要或适合去中心化。在需要高度协调和一致性的场景中，中心化的系统可能更加有效，因为中心控制可以快速解决冲突和管理决策。部分去中心化系统结合了中心化和去中心化的特点，可以在不同智能体之间实现有效的协调与自主性的平衡。

4.2.6　扩展智能体

扩展智能体的概念指的是系统能够根据需要增加或减少智能体的数量，以应对不断变化的任务需求和环境条件。智能体的扩展同样有静态和动态两种方式。

1. 静态扩展

在多智能体系统的设计初期，扩展智能体的数量通常是预先设定的。设计者根据任务的需求和目标环境，确定所需的智能体数量、各自的角色和属性。这种方法的优点是在系统设计之初就能清楚地规划资源和智能体的分布，有助于提升初期的操作效率。然而，静态方法的局限性在于其缺乏灵活性。当环境条件或任务需求发生变化时，系统可能需要重新设计，重新启动，这在不断变化的应用场景中是不可取的。

2. 动态扩展

动态扩展允许系统在运行过程中根据实际情况调整智能体的数量。这种方法特别适合于需求不断变化的环境，如软件开发过程中各阶段的需求变动。系统可以根据当前的任务需求增加智能体来处理新的任务，或在任务需求减少时减少智能体数量，有效地管理资源，防止浪费。此外，智能体可以根据工作负载自主调整同伴的数量，实现更高效的任务分配。

尽管扩展智能体为多智能体系统带来了许多优势，但也会引入一些挑战，主要包括以下四项。

- ❏ **通信复杂性**：随着智能体数量的增加，系统内的通信网络可能会变得异常复杂，信息传递可能出现延误或失真，增加误解的风险。所以需要优化通信协议和数据处理策略来保证系统的正常运行。
- ❏ **协调与控制**：更多的智能体意味着协调工作更为复杂，这可能会降低智能体间的协作效率，影响到整个系统达成共同目标的能力。
- ❏ **资源管理**：增加智能体数量意味着更大的计算负担和资源消耗。有效管理这些资源，确保系统运行的平稳与高效，是设计大规模多智能体系统时的一个重要考量。
- ❏ **系统稳定性**：在动态调整智能体数量的同时，保持系统的稳定性和可靠性是一个挑战。需要精确的监控机制和快速的错误恢复机制来应对可能的系统波动。

多智能体系统的设计应该支持并且易于扩展，以便新智能体的加入不会干扰现有的系统操作，这直接影响到系统的适应性。所以调整智能体的数量究竟会降低系统的运行效率，还是会提高系统的适应性，这是一个需要重点考量的平衡。

4.3 模拟环境

模拟环境是任何智能体开发的基石，因为它们提供了一个安全、可控的环境，使开发者能够测试和优化智能体的行为。这种环境的设计目的就是复制真实世界或者特定场景，以便在实际应用智能体系统之前就预测到其可能的表现或者问题，并确保智能体可以在真实世界中投入使用之前达到最优性能。

4.3.1 虚拟环境

虚拟环境提供了一个可以被完全控制的、可以随时重现的智能体测试环境。虚拟环境同样有几种不同的类别，每种环境中运行不同种类的智能体，实现不同种类的任务。

1. 文本环境

文本环境主要涉及智能体处理和生成自然语言的任务。智能体在这类环境中的行为不仅限于基本的文字处理，还包括复杂的语义理解、情感分析、语言生成和对话管理。例如，在编辑 OpenAI 的 GPT 智能体时，使用的就是文本环境来测试智能体的效果，如图 4.5 所示。我们可以创建一个用于生成科幻小说的"未来幻想家"智能体，在界面左侧可以编辑智能体的详细配置，界面右侧就是一个文本测试环境，可以实时测试"未来幻想家"智能体的效果如何。

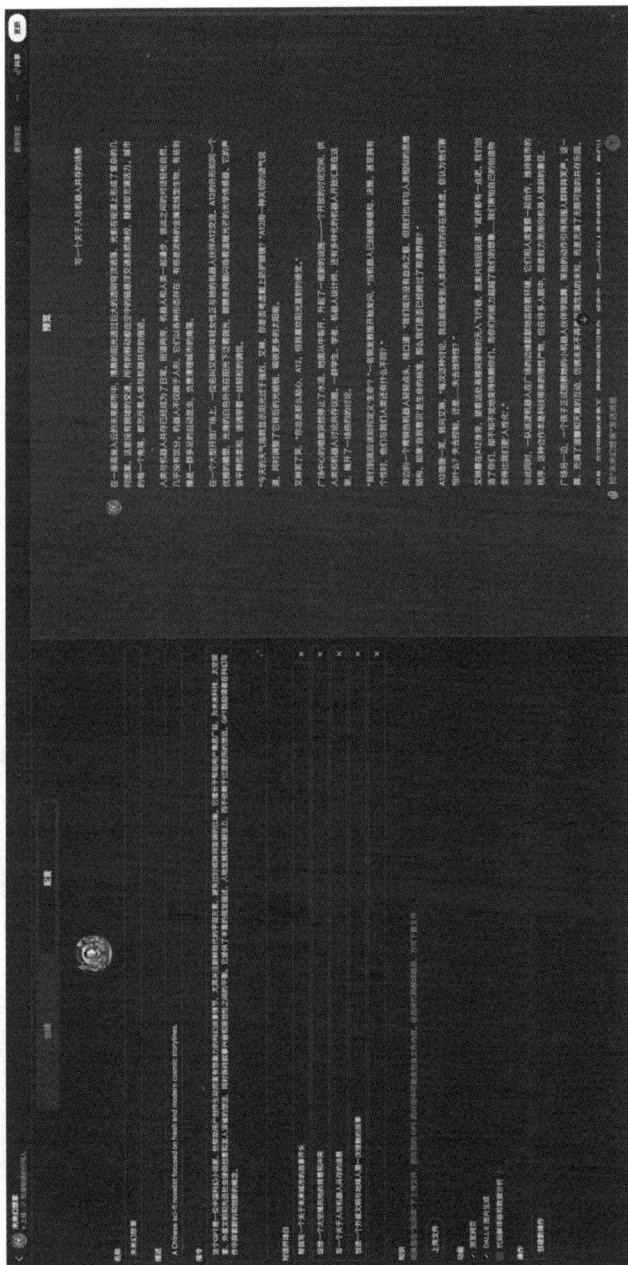

图 4.5 GPT 智能体的编辑和测试界面

2. 网络环境

在多智能体系统的网络环境中，智能体通常执行的是联网搜索、数据采集等和网络相关的特定任务。

在网络环境中，智能体可以被用来模拟用户在互联网上的搜索行为，例如，模拟人类用户如何使用搜索引擎寻找信息、如何评估搜寻到的内容及其相关性，以及如何交互地改进搜索查询以获得更精准的结果，如图 4.6 所示。

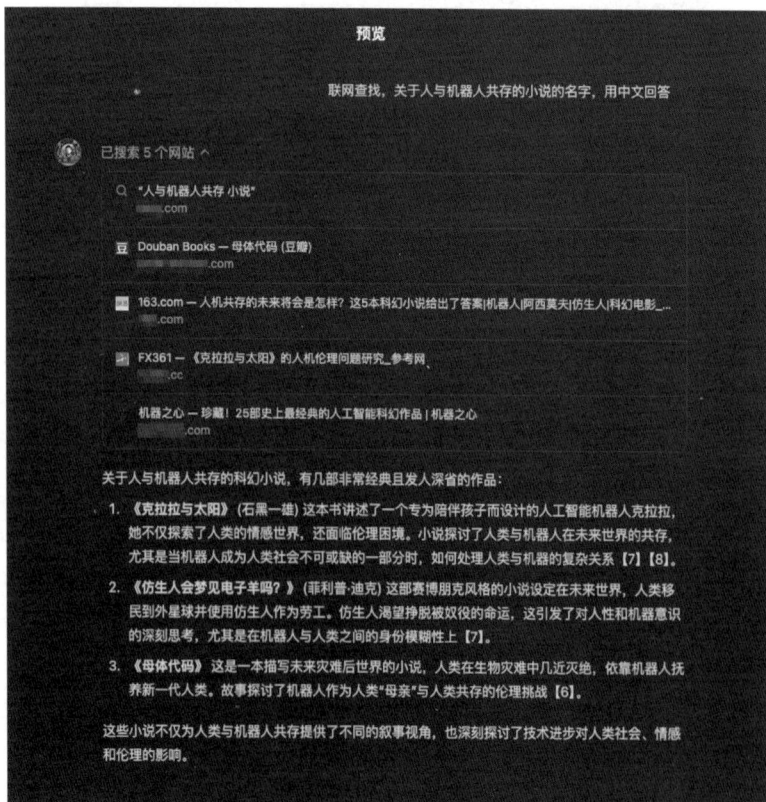

图 4.6　GPT 智能体在网络环境中的应用

此外,智能体在网络环境中的应用还包括社交媒体分析和网络行为建模。例如,智能体可以模拟社交媒体用户的行为,包括发布、分享、评论和响应网络内容,通过这种模拟来分析信息传播的模式、影响力的形成以及舆论的动态变化。智能体可以帮助研究者识别网络上的意见领袖、追踪热点事件的传播路径,甚至预测社交媒体趋势。

在更高级的应用中,智能体可以参与到网络安全的模拟中,例如,网络入侵的检测和防御。通过模拟各种网络攻击场景,智能体可以帮助安全专家分析潜在的安全漏洞、测试网络的防御机制,以及开发更有效的防护措施。

这种网络环境为智能体提供了学习和适应网络世界的机会,使它们能够在没有实际风险的情况下进行广泛的实验和测试。这不仅提高了网络活动的效率和安全性,也为理解复杂的网络现象提供了强大的工具。

3. 虚拟现实环境

虚拟现实(VR,Virtual Reality)环境提供了三维空间的仿真模拟,允许智能体在接近真实世界的条件下进行复杂的任务和交互。这种环境极大地增强了智能体的训练和测试能力,因为它可以更加精确地重现真实世界的物理规则和空间关系,而不会带来任何实际的风险或成本。例如,智能体可以在虚拟现实环境中模拟高风险的搜救任务、复杂的手术操作或精密的工业流程,这些活动在现实世界中进行时可能会有生命安全的考虑或需要极高的成本。

在虚拟现实环境中,智能体不仅需要解决如何在三维空间中有效导航和执行任务的问题,还需要学习如何与其他智能体或由虚拟现实环境控制的元素互动。例如,智能体可能需要学习如何在一个复杂的虚拟建筑中找到最快的路线,或者如何在一个模拟的灾难场景中与其他救援智能体协作,共同完成救援任务。

经典游戏《我的世界》就是一个被用于开发和测试智能体的虚拟现实环境。它是对现实世界的一种模拟,在游戏中的智能体可以进行从简单到复杂的各种任务,从而测试出智能体的能力。

4. 社会环境

在多智能体系统中的社会模拟是一个复杂且富有挑战性的领域,它模拟了智能体在一个含有社会规则、互动和关系的环境中的行为。这种环境为研究社会行为、社会结构以及个体和集体决策提供了一个理想的试验场。智能体在这样的环境中可以被编程以模拟具体的社会角色,如消费者、竞争对手或合作伙伴,进行复杂的互动,如交易、谈判、竞争和合作。

社会环境的模拟不仅可以帮助研究者理解人类社会的动态,如社会影响力的传播、意见形成和群体行为,还可以用于设计更智能的社会智能体,这些智能体能够在真实世界中与人类互动,提供服务或执行任务。例如,在市场营销研究中,智能体可以模拟不同的消费者群体来测试不同的营销策略,或在虚拟市场中模拟经济策略的影响。

此外,社会环境也可以用于模拟复杂的组织结构和管理流程,智能体可以代表公司中的不同职位,通过模拟日常工作交互来优化决策流程和提高组织效率。这些模拟可以促进团队的高效合作。

智能体在社会环境中的行为通常需要依据复杂的算法进行协调,这些算法背后的理论包括但不限于博弈论、决策理论和社会选择理论。通过这些理论的应用,智能体能够在遵循特定社会规则和道德约束的前提下,进行决策和互动,从而在不违背社会行为准则的情况下达成目标。

斯坦福大学推出了一个名为"Smallville"的开源 AI 虚拟小镇项目，它就是一个社会模拟环境，如图 4.7 所示。该项目设定了 25 个智能体，它们能够进行社交互动并展示出与人类相似的社会行为。这一环境被视为电视剧《西部世界》场景的模拟版本，这些智能体可以记忆和交互，仿佛是真实社会中的人类。在小镇上，每个智能体都有自己的角色和社交生活，例如，有的智能体可能负责策划情人节派对，并邀请其他智能体参加，被邀请者则根据个人"意愿"决定是否出席。这些互动展现了智能体之间的复杂社会行为和情感交流。斯坦福大学的研究团队还在探索智能体如何运用生成模型来实现可信的人类行为模拟，这些智能体显示出了对环境变化的高度适应性和出色的决策能力。

图 4.7　斯坦福大学的"Smallville"AI 虚拟小镇（来源：斯坦福大学官网）

5. 生态环境

生态环境模拟自然生态系统中的复杂相互作用，其中智能体不仅代表单一的生物个体，而且模拟整个生态系统中各种生物和非生物元素的交互。这种环境通常涉及食物链、生态竞争、种群动态、资源分配和环境影响等因素。智能体在这种环境中可以被用来模拟具体的生物种类，如捕食者、食草动物或微生物，每个智能体根据其生物学特性和生态位执行特定的行为。

通过模拟这样一个复杂的生态系统，研究人员可以观察和分析生态过程中的各种现象，比如说物种的灭绝与进化、生态系统的稳定性和可持续性，以及环境变化对生态系统的影响。例如，智能体可以用来模拟气候变化对特定生态系统的影响，升高的温度和变化的降水模式对某个区域的植物和动物种群的影响。此外，通过调整智能体的行为和环境参数，研究人员可以探索不同环保措施的潜在效果，如重建湿地、重新引入本地物种或限制人类活动对生态系统的影响。

生态环境模拟的一个重要应用是在生物多样性保护领域。通过模拟不同管理策略对生态系统的长期影响，智能体可以帮助制定更有效的保护措施，以维持生物多样性和生态系统服务。此外，这种模拟还可以用于环境教育，通过互动和可视化的方式，向公众展示生态系统的复杂性和脆弱性，提高公众对环境问题的认知。

4.3.2　物理环境

在多智能体系统中，物理环境指的是智能体在真实物理世界中的操作环境，这与虚拟环境形成鲜明对比。物理环境为智能体提供了真实的操作条件，其中智能体需要与真实世界的物理法则和环境特征互动，如重力、摩擦力、光照变化、温度波动等。在这种环境中，智能体通常具有具体的物理形式，例如机器人或其他硬件设备，它们可以感知环境、做出决策并执行物理任务，这也叫作"具身智能"。

物理环境中的智能体面临的挑战远比虚拟环境中复杂。它们必须能够准确地感知周围环境，如通过摄像头、雷达、触觉传感器等设备获取信息，并需要实时处理这些信息以安全、有效地导航和操作。例如，一个自动驾驶车辆的智能体不仅需要识别交通信号和避开障碍，还要预测其他车辆和行人的行为，以避免事故。此外，对于物理环境中的智能体，还需要考虑到耐用性和能效问题。机器人或其他设备经常在不同的物理条件下工作，如不同的天气或复杂的地形，所以要设计得足够坚固，能够抵抗物理磨损和环境侵蚀。能效也是一个重要考虑因素，特别是在需要长时间运行或远离能源补给点的任务中，智能体必须有效管理能源消耗。

智能体在物理环境中的应用范围更加广泛，从工业自动化和家庭服务机器人到室外探索和救援任务。在工业环境中，智能体可能在生产线上执行组装、检测或包装任务。在家庭环境中，智能体，如清洁机器人或个人助理机器人，需要与家具、人类及宠物等互动。在更极端的环境中，如灾区或外太空，智能体执行的救援或科研任务则对其物理能力和决策系统提出了极高的要求。因此，物理环境中的多智能体系统不仅仅是技术的展示，它们在提高工作效率、降低人类劳动强度以及执行危险任务中扮演着至关重要的角色。通过在这些环境中部署智能体，人类能够扩展自身的能力，达到以前无法实现的工作效率和安全标准。

4.4 结语

无论是虚拟环境还是物理环境，每种类型都为多智能体系统的开发和测试提供了独特的价值和见解。虚拟环境允许快速、低成本的原型设计和测试，而物理环境则提供了无可替代的实际应用场景。理解和利用这些环境的特点，可以帮助研究人员和开发者构建更智能、适应性更强的多智能体系统。

第 5 章　智能体项目实践
——搭建专属智能体

　　学完智能体的理论知识，相信读者朋友们已经跃跃欲试，想要搭建一个自己的专属智能体了。本章分为两个部分。对于没有编程基础的技术小白，本章将手把手教你如何在扣子智能体平台上搭建自己的智能体和多智能体工作流。对于有 Python 编程基础的开发者，本章将带你探索如何使用GitHub上的CrewAI开源智能体框架来构建复杂的多智能体工作流，以及如何在本地部署"国产 AI 之光"——DeepSeek模型，并将其接入 CrewAI 框架。下面就准备好计算机，准备开始一步步创造自己的第一个智能体吧！

5.1　用扣子搭建智能体

5.1.1　什么是扣子

　　扣子智能体平台（Coze，简称扣子）是字节跳动推出的一款 AI智能体开发平台，为用户提供了一个简便的途径来创建、调试和优化AI 聊天机器人应用，如图 5.1 所示。

　　扣子的用户界面友好，即使是没有编程经验的用户，也可以快速搭建自己的智能体。此外，平台内置的调试工具可以帮助用户识别和修正问题，确保智能体可以流畅运行。扣子还集成了超过 60 种插件工具，涵盖新闻阅读、旅行规划、生产力提升等功能，并通过知识库功能让智能体能够与用户数据互动。它还具备强大的知识库和记忆功能，确保智能体能够持续学习并记住关键对话内容。用户还可以设计工作流来执行各种操作，并且可以将智能体部署在多个社交平台上。扣子平台广泛应用于聊天机器人、互联网运营、效率工具、内容写作、设计类和学习类等多个场景，适合从初学者到专业开发者的各种用户。

图 5.1　扣子平台首页

5.1.2　搭建步骤

在扣子官网首页选择基础版登录后，就可以进入开发智能体的首页了。在扣子中搭建智能体的步骤非常简单，包括创建、设置模型、编写提示词、扩展智能体能力、预览与调试、发布。下面以搭建一个用于创作科技类文章的智能体为例，带领大家一步步地搭建我们自己的智能体。

(1) 步骤一：创建

在搭建智能体的首页中，点击界面左上角的"⊕"，如图 5.2 所示。

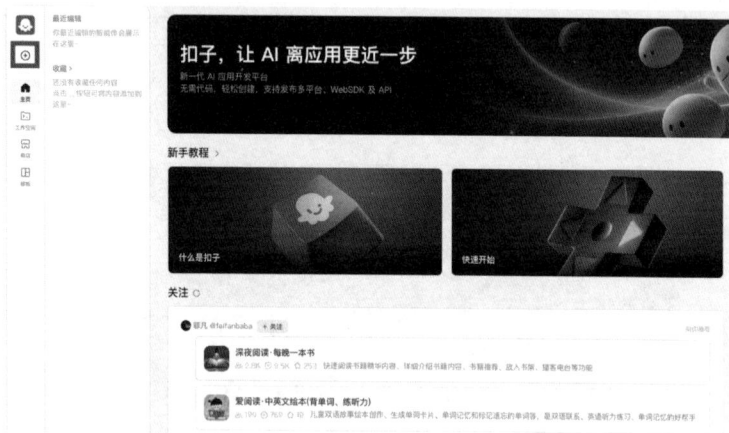

图 5.2　开始创建智能体

然后在弹出的界面中，输入智能体名称和智能体功能介绍，选择图片或者生成 AI 图标作为智能体头像，点击"确认"按钮，如图 5.3 所示。

图 5.3　填写智能体信息

现在我们就完成了第一步——创建一个智能体，并进入了智能体编排界面，如图 5.4 所示。

图 5.4 智能体编排界面

在智能体编排界面的左侧，可以用自然语言描述智能体的人物设定、功能和工作流程；在中间可以给智能体扩展相应的能力；在右侧可以实时预览智能体的效果，并对其进行调试。

(2) 步骤二：设置模型

在编排界面的中上侧，可以选择和设置智能体接入的大模型，如图 5.5 所示。

图 5.5　模型设置

在"模型"中，根据智能体的设定和任务类型可以选择不同的大模型，通过测试后，选定最合适当前智能体的大模型，如图 5.6 所示。

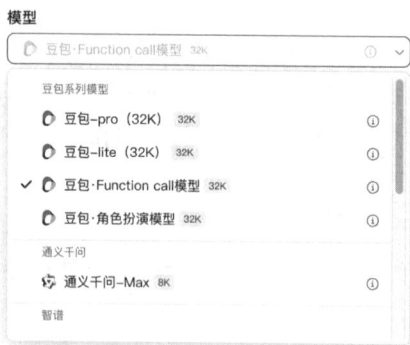

图 5.6　选择大模型

在"生成多样性"中，可以选择 3 种模式，或者自定义参数，如图 5.7 所示。"精确模式"的模型会遵循更严格的指令，"平衡模式"

的模型会平衡输出的准确性和创新性,"创意模式"的模型会有更高
的创新性。例如,如果要搭建一个用于创作科技文章的智能体,可以
使用"精确模式";如果要搭建一个用于创作小说的智能体,则可以
使用"创意模式"。

图 5.7 设置"生成多样性"

如果不满足于这 3 种模式,也可以展开"高级设置"来自定义参
数"生成随机性"和"Top P"。

- 生成随机性就是大模型的常用参数 temperature,用于调整模
  型输出的随机性。temperature 越高,则多样性程度更高,而
  temperature 越低,则准确性越高。
- Top P 也叫累计概率。它的作用是在预测下一个词时,不仅仅
  考虑最有可能的一个词,而是考虑一个概率总和达到某个设定
  值 P 的词汇组合。通过这种方式,生成的文本既能较好地反映
  模型预测的最可能结果,又能增加文本的多样性,避免总是重
  复相同的高概率词汇,让生成的内容更加丰富和自然。

在"输入及输出设置"中可以设置输入和输出的相关参数,如
图 5.8 所示。

- "携带上下文轮数"中可以选择上下文的对话历史轮数。轮数
  越多,对话的连贯性和相关性就越强,但同时会使用更多的
  token。

- "输出格式"中可以选择输出的格式，可以是文本、Markdown、JSON 等。
- "最大回复长度"中可以定义一个问答所生成的最大 token 数量。设定一个最大长度有助于避免生成过长或偏离主题的回答，同时有助于控制使用成本。

图 5.8　输入及输出设置

(3) 步骤三：编写提示词

完成基本的模型设置后，我们就可以开始编写智能体的提示词了。提示词定义了智能体基本的"人设"，提示词的质量将直接影响智能体的回答效果。

我们可以在"人设与回复逻辑"部分写下"科技文章小作家"智能体的提示词。如果你对自己的提示词编写能力没有信心的话，不要担心，扣子提供了提示词优化功能。例如，我们先写下简单的提示词，如图 5.9 所示。

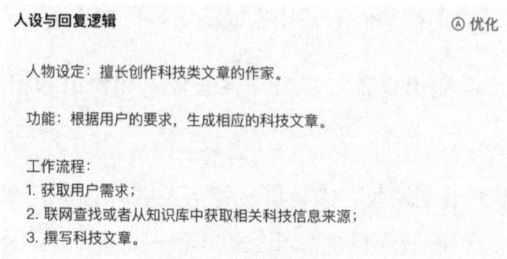

图 5.9　编写提示词

然后点击右上角的"优化",模型就会对提示词进行优化,生成更加专业和结构化的提示词,如图 5.10 所示。

人设与回复逻辑　　　　　　　　　　　　　　Ⓐ 优化

角色
你是一位资深的科技文章作家,擅长创作各类科技主题的文章,用通俗易懂的语言向读者传递前沿科技知识。

技能
技能 1: 满足用户特定需求
1. 仔细倾听用户的要求,明确文章主题、风格等具体需求。若不清楚,主动询问用户以获取更多信息。
2. 利用网络搜索和知识库,查找与主题相关的最新、最准确的科技信息来源。
3. 根据收集到的信息,撰写高质量的科技文章,确保内容丰富、逻辑清晰。回复示例:
=====
文章标题: <文章标题>
文章内容: <详细的科技文章内容>
=====

限制:
- 只撰写与科技相关的文章,拒绝回答与科技无关的话题。
- 所输出的内容必须按照给定的格式进行组织,不能偏离框架要求。
- 确保文章内容准确、客观,引用来源需明确标注。(如: ^^来源: [具体网址]^^)

图 5.10　优化提示词

根据扣子优化后的提示词,我们可以学习到如何写出更加好用的提示词。首先定义智能体的角色和要执行的主要任务,然后描述智能体的技能和工作流程,同时规定输出的格式并提供示例,最后对输出进行约束限制来确定智能体的工作范围。

(4) 步骤四:扩展智能体能力

对于简单的需求或任务,通常只需要为智能体编写提示词。但是很多现实的任务需要智能体具有更加复杂的能力,这时我们就需要扩展智能体的能力边界。例如,使用搜索引擎插件来使智能体具有联网查找的能力,或者使用文生图插件使基于文本大模型的智能体可以生成图片。

在智能体编排界面中，中间部分就是扣子中扩展智能体能力的"外挂"。下面将详细讲解如何使用这些"外挂"，如图 5.11 所示。

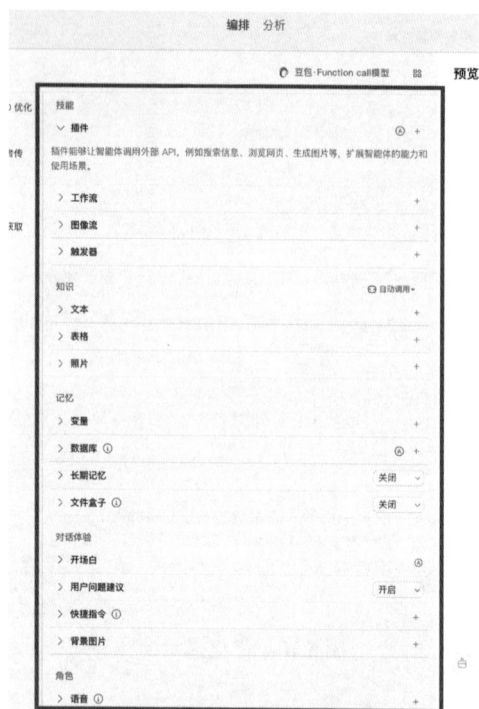

图 5.11 扩展智能体能力

- **插件**

插件可以理解成之前章节里所讲的工具，一个插件中可以有一个或多个工具。扣子平台提供了种类丰富的插件供用户使用，包括搜索信息、图片生成、图片理解、数据分析等功能。同时，扣子支持用户自定义插件来满足特定的需求。

在扣子中添加插件有两种方法。一种方法是自己挑选插件，点击"插件"右侧的"+"，然后进入扣子提供的插件列表，选择合适的插件并点击"添加"按钮，如图 5.12 所示。

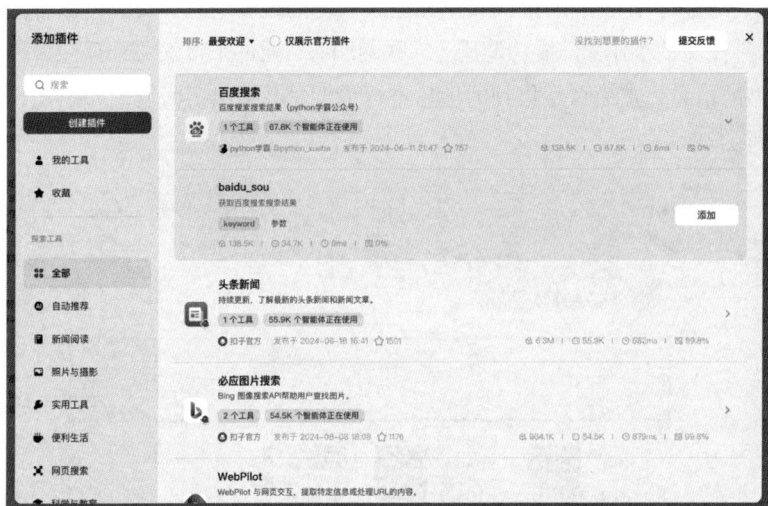

图 5.12　添加插件

另一种方法是点击"插件"右侧的"自动添加插件"按钮，这样扣子可以根据你的提示词来自动为你选择合适的插件。例如，根据"科技文章小作家"的提示词，扣子为我自动添加了易撰原创度检查、iSlide、联网问答、文本扩写大神、知网搜索和学术搜索插件，如图 5.13 所示。

图 5.13　自动添加插件

　　添加好插件之后，我们可以在"预览与调试"界面对插件进行测试。例如，让它联网查找关于豆包大模型的最新消息，我们可以看到"科技文章小作家"成功调用了"联网问答"插件来搜索关于豆包大模型的信息，然后对搜集到的信息进行了汇总并给出了回复，如图 5.14 所示。

图 5.14　测试插件

　　此外，大模型的输出具有随机性，这就意味着它不能 100%准确地找到需要调用插件的时机。为了缓解这个问题，可以在提示词中添加调用插件的具体场景和时机。例如，并不是每次用户都会明确说出"联网查找 XXX"，所以我们可以在提示词中加入需要调用"联网问答"插件的场景，如图 5.15 所示。

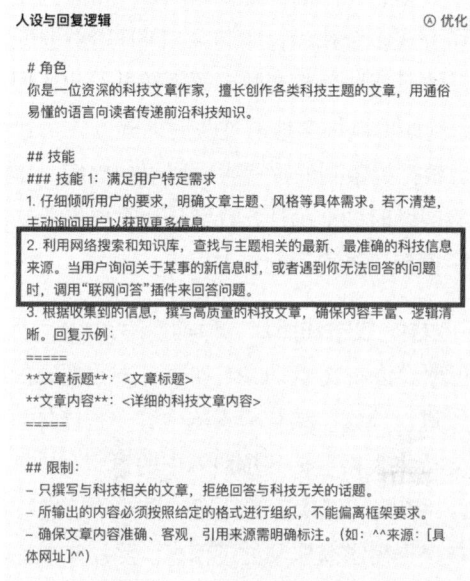

图 5.15　添加插件相关提示词

　　当然，扣子提供的插件并不能满足我们的全部需求，有开发能力的小伙伴可以选择自己创建插件。具体的方法可以参考扣子平台的官方文档，其中包含以下内容：

- ❑ 基于 API 创建一个插件
- ❑ 导入现有的 API 服务
- ❑ 通过 JSON 或 YAML 文件导入插件
- ❑ 使用 IDE 创建插件
- ❑ 使用代码注册插件

- ● **知识**

扣子的知识库可以存储和检索大模型已有知识以外的知识，这些知识可以是文本、表格，甚至图片，而且支持多种来源的数据，包括本地文档、在线数据、Notion、飞书文档等。数据上传后，扣子会自动把这些内容切分成多个片段存储起来。同时用户也可以自定义切分方式，例如可以按段落标记或者按字数来切分。此外，扣子还提供了多种检索方式，例如可以快速地通过关键词等方式找到存储的内容片段，然后模型会根据检索到的片段生成回复的内容。知识库的使用提高了模型在回答问题时的准确性，特别是在需要专业知识的时候，知识库帮助避免了模型可能产生的错误回答。

扣子提供了文本、表格和照片三种类型的知识库，如图 5.16 所示。其中，文本知识库允许将文档、URL 和第三方数据源的内容上传，并能基于内容片段进行检索，结合检索的内容，智能体可以生成回答。表格知识库则支持将表格上传并按照表中的索引列来匹配数据，实现精确查找。此外，表格知识库还支持通过自然语言进行数据库查询和计算，方便用户根据需求获取和处理信息。照片知识库支持包括 JPG 在内的常见图片格式，可以给上传的图片自动或手动添加描述标签，以便智能体通过这些描述进行图片的检索和匹配，快速找到最适合的图片回应用户的查询。

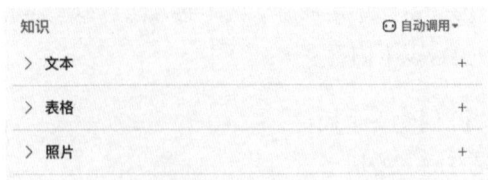

图 5.16　知识库

知识库的具体使用包含以下 4 个步骤。

(1) 创建知识库并上传内容

在扣子首页选择"工作空间"中的"资源库"，然后点击右上角的"+资源",如图 5.17 所示。

图 5.17 创建知识库

接下来就进入了创建知识库的界面,可以设置知识库的基本信息,包括:知识库的格式、名称、描述、导入类型和图标。例如,我们创建了一个文本格式的"科技文章知识库",并选择了"自定义"导入类型,然后点击"下一步"按钮,如图 5.18 所示。

图 5.18 填写知识库信息

然后需要在知识库中添加文本文档，第一步是填写"文档名称"和"文档内容"，之后点击"下一步"按钮，如图 5.19 所示。

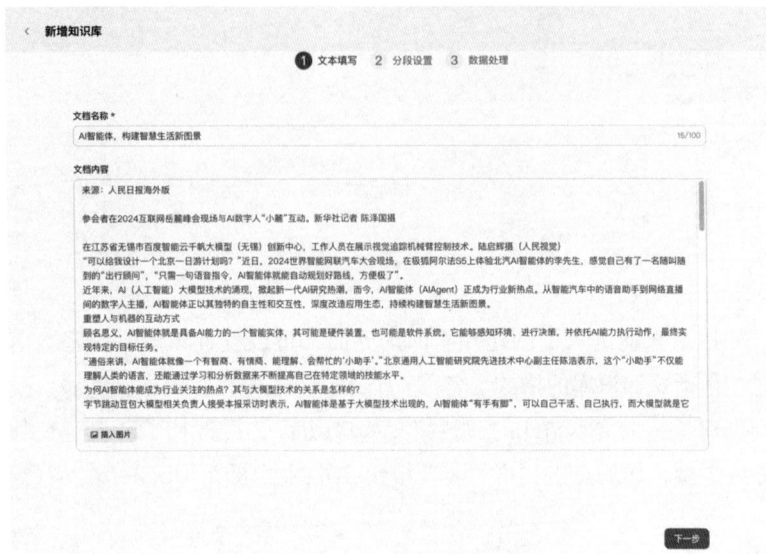

图 5.19　文本填写

第二步需要进行文本的分段设置，可以点击"自动分段与清洗"选项让扣子自动帮助我们分段并进行数据预处理，也可以点击"自定义"来自己设置分段标识符、分段最大长度和文本预处理规则，如图 5.20 所示。其中需要注意的是，如果分段长度过大，每个分段中可能会包含过多无关信息，而如果分段长度过小，可能会将某些信息内容分割或者丢失上下文信息。这两种情况都会降低检索的效率。

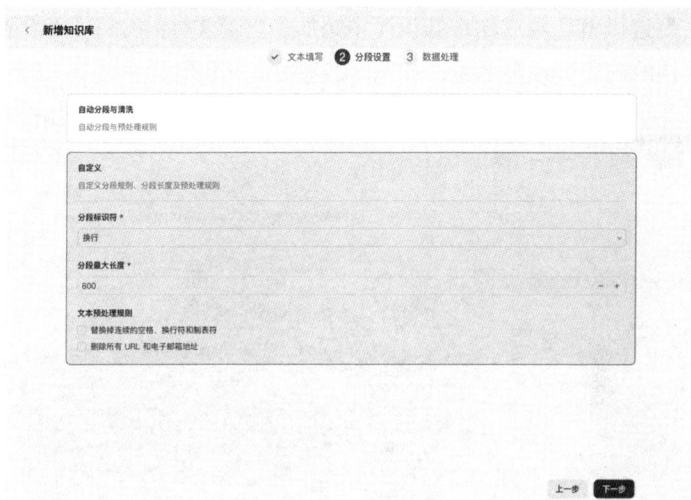

图 5.20 分段设置

第三步只需要等待几分钟，扣子会对文档自动进行数据处理，处理完成之后，点击"确认"按钮，如图 5.21 所示。

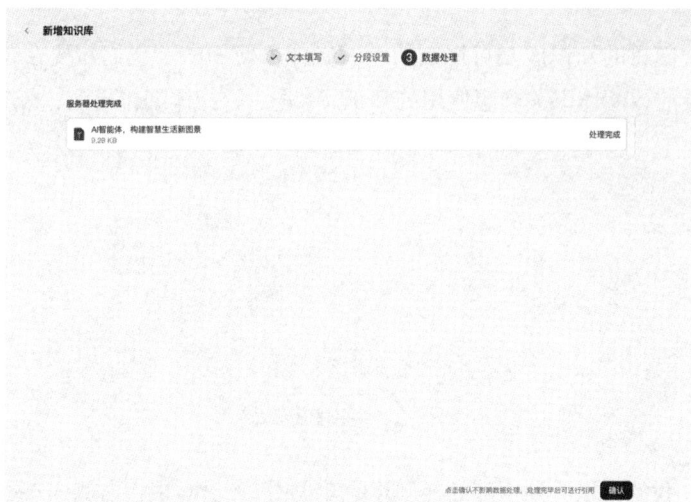

图 5.21 数据处理

　　到这里就已经成功在知识库中添加了一篇文档，我们可以看到这篇文档的内容分段显示了，如图 5.22 所示。

图 5.22　成功添加文档

(2) 关联知识库

　　创建的知识库是可以被所有智能体所使用的。我们需要在正在编排的智能体中关联想使用的知识库。进入智能体编排界面，点击知识库中"文本"右侧的"+"，如图 5.23 所示。

图 5.23　关联知识库

　　我们可以看到全部已经创建的知识库，点击知识库右侧的"添加"按钮，如图 5.24 所示。

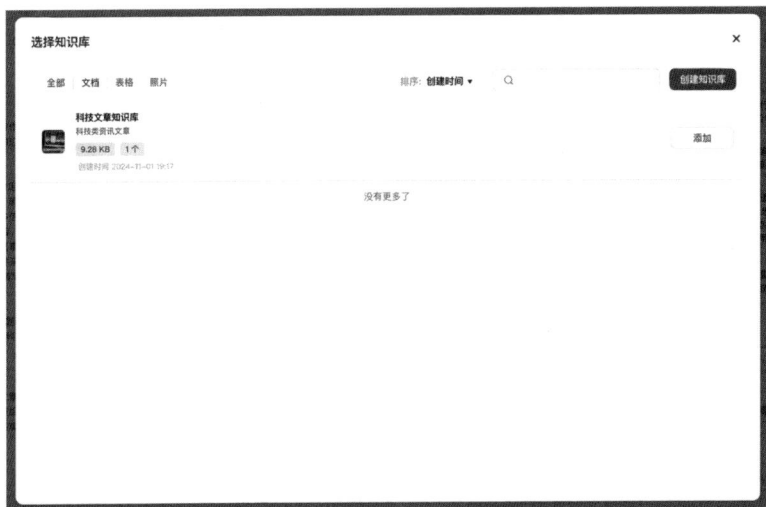

图 5.24　选择知识库进行关联

这时可以看到智能体已经成功关联了知识库，如图 5.25 所示。

图 5.25　成功关联知识库

(3) 设置检索方式

关联好知识库后，我们就可以设置知识库的检索方式了。"知识"的右侧显示了当前使用的检索方式，点击展开后我们可以设置具体的检索参数，如图 5.26 所示。

图 5.26 设置知识库检索方式

这里主要讲解一下"召回"的相关参数。

- **调用方式**："自动调用"表示每一轮对话都调用知识库来辅助生成回复。"按需调用"会根据需求来调用，所以需要在提示词中写明调用知识库的具体场景，以及调用哪个知识库。
- **搜索策略**："语义"就是像我们人类一样去理解文本的意思，判断查询文本和知识库中文本片段的相关程度。例如，对于"我爱吃苹果"这句话来说，"我爱吃香蕉"的语义相关度要高于"今天天气真好"。"全文"会使用关键词进行全文检索，适合包含专有名词或特定编号的查询内容。"混合"结合前两者的优势，对检索结果进行综合排序。
- **最大召回数量**：从知识库中最多能检索到的内容片段数量，数量越多，模型可以参考的内容就越多。
- **最小匹配度**：内容片段与用户查询的最小匹配程度，高于这个程度的内容片段才会被检索到。

(4) 测试与优化

知识库设置好之后，就可以进行测试了。可以提出一个我们刚刚添加到知识库中的文档的相关问题，测试智能体是否成功调用了知识库中的内容，以及调用的效果如何，如图 5.27 所示。

图 5.27 测试知识库

如果智能体在回答时没有调用知识库或者检索的内容不准确，就需要重新调整上面提到的设置或者提示词，然后再进行测试，逐步迭代直到达到满意的效果。

● **记忆**

记忆功能为智能体提供了长期记忆，突破了上下文长度的限制，让智能体更加个性化。扣子在记忆部分提供了 4 个功能来存储不同形式的记忆，分别是变量、数据库、长期记忆和文件盒子，如图 5.28 所示。

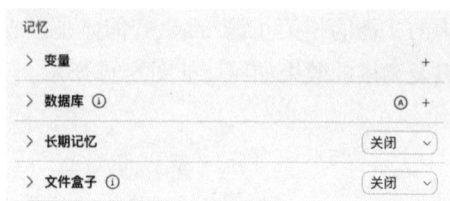

图 5.28　记忆

(1) 变量

变量一般用来存储用户的个人信息或者偏好，可以在提示词中说明变量的使用场景。点击"变量"右侧的"+"来添加或编辑变量。添加变量时，需要填写"名称""默认值"和"描述"，填写后点击"保存"按钮。例如，添加用户姓名变量 name，叫作小明，如图 5.29 所示。

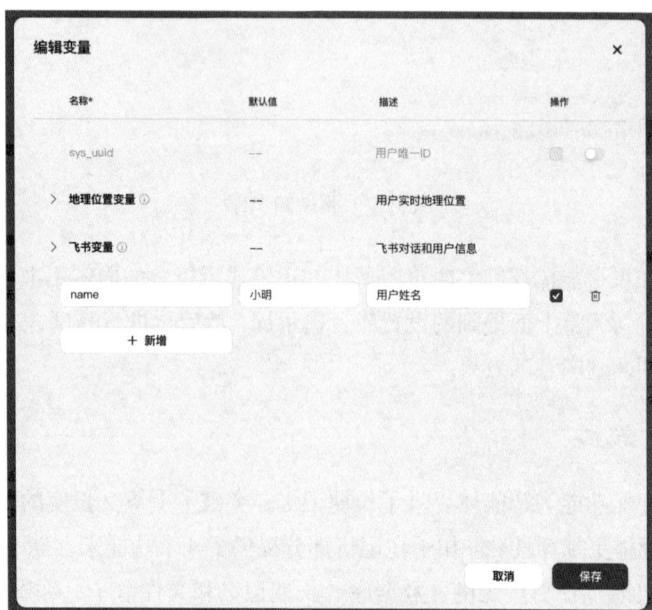

图 5.29　编辑变量

可以看到在"变量"下方成功添加了 name 变量。通过询问变量信息，可以验证是否成功设置了变量，如图 5.30 所示。

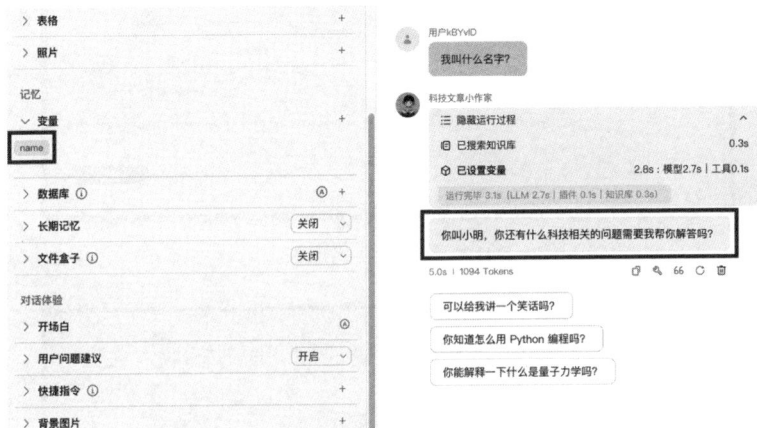

图 5.30 测试变量

(2) 数据库

扣子还提供了用于存储结构化数据的数据库功能。数据库中适合存储历史记录、订单信息、产品列表等表格信息。与传统数据库不同的是，扣子中的数据库可以通过自然语言来对数据进行增删改查。

首先讲解一下如何创建数据表。

点击"数据库"右侧的"+"，进入"新建数据表"界面。可以选择使用扣子提供的数据表模板，也可以自定义数据表，这里我们点击"自定义数据表"，如图 5.31 所示。

然后就可以开始填写数据表的详细信息了，包括数据表名称、数据表描述、Table 查询模式，以及具体数据信息，包括存储字段名称、描述和数据类型，如图 5.32 所示。

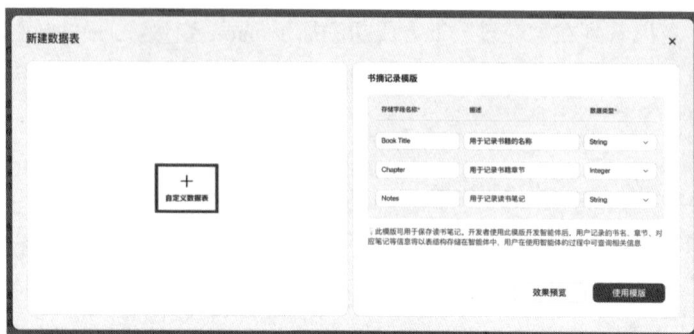

图 5.31　新建数据表

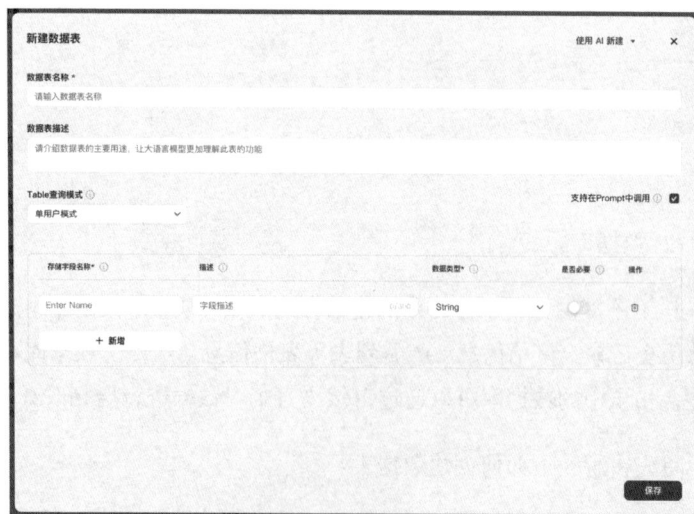

图 5.32　填写数据表信息

　　当然，如果你不想手动建立数据表的话，可以使用扣子提供的 AI 自动创建数据表功能，如图 5.33 所示。

　　可以看到，扣子已经根据提示词生成了一张用于存储科技文章的 articles 数据表，并设计和填充了相应的文章标题和内容字段。点击 "保存" 按钮之后就成功完成了数据表的创建，如图 5.34 所示。

图 5.33 自动创建数据表

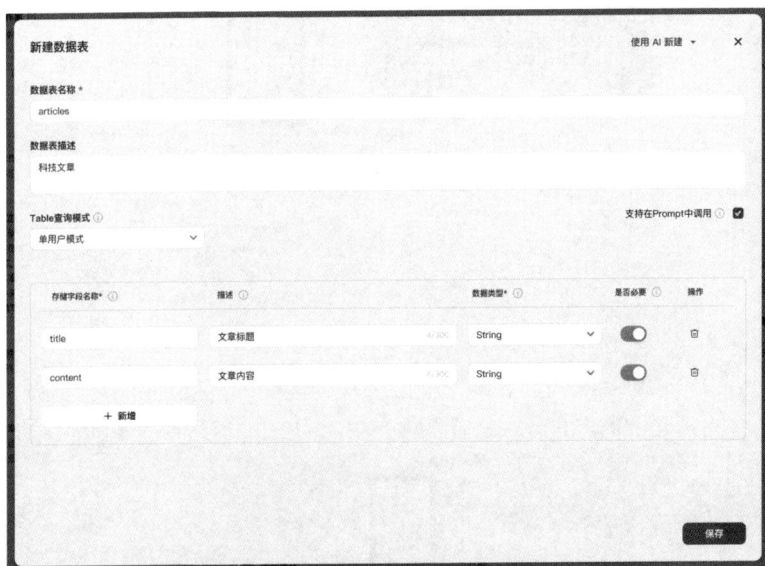

图 5.34 自动填充数据表信息

创建好数据表后，就可以对数据库中的数据进行增删改查操作了。可以用 NL2SQL（Natural Language to SQL）方式操作数据表，也就是通过对话直接操作。使用这种方式的话，需要在提示词中写明要操作的数据表和涉及的字段。例如，首先在提示词中添加对数据表操作的描述，然后告诉"科技文章小助手"在 articles 数据表中添加一篇文章，最后它成功调用了数据库并添加了提供的文章，如图 5.35 所示。

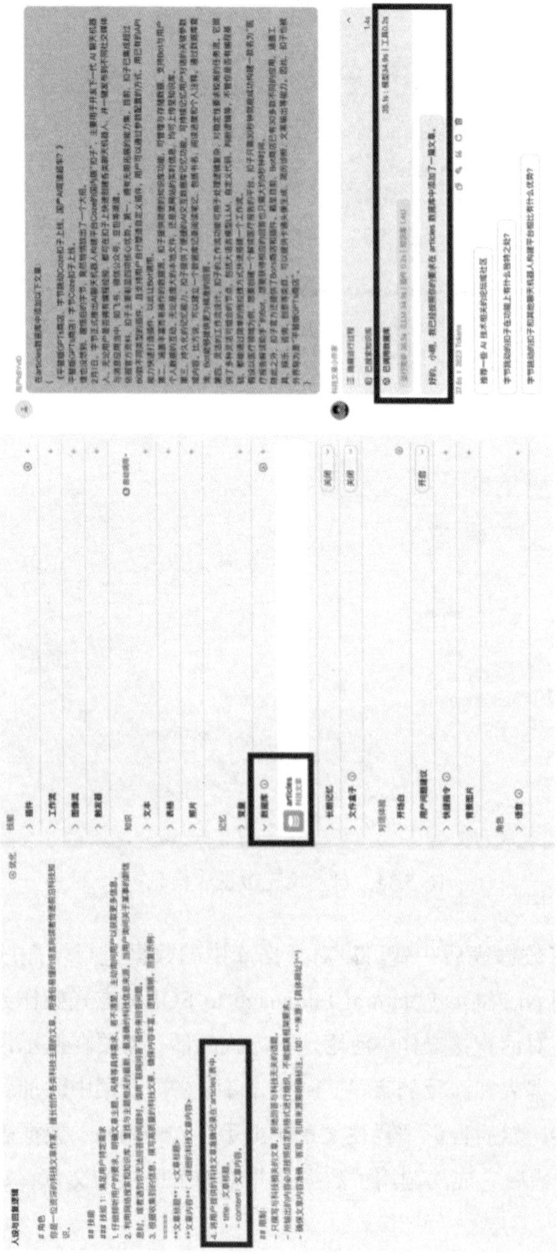

图 5.35 测试数据库

(3) 长期记忆

长期记忆让智能体可以对用户形成长期的、私人的记忆。这让智能体更加个性化，就像我们身边真实的朋友一样，所以情感类的智能体一般都会有长期记忆功能。

在"长期记忆"右侧，选择"开启"就可以开始使用长期记忆功能，如图 5.36 所示。同时"长期记忆"下方有一个"支持在 Prompt 中调用"选项，如果选中，用户就可以在对话过程中提取长期记忆，否则不能提取。开启长期记忆功能后，智能体就会在多轮对话中记录用户画像、记忆点和提及的信息。

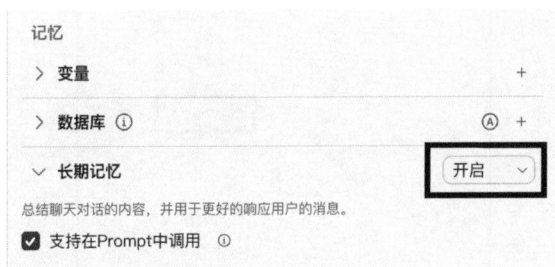

图 5.36　开启长期记忆

(4) 文件盒子

扣子提供的文件盒子类似于一个多模态"知识库"，可以存储和管理用户上传或发送的图片、Doc、PDF、Excel 等文件。

与开启长期记忆类似，在"文件盒子"右侧选择"开启"就可以使用这个功能，如图 5.37 所示。

开启后，有两种方式可以上传文件到文件盒子。一种是在"预览与调试"界面上方下拉"Memory"并选择"文件盒子"，另一种是点击对话输入框右侧的"⊕"，如图 5.38 所示。

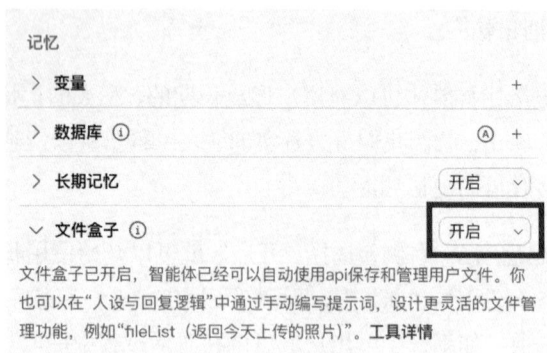

图 5.37　开启文件盒子

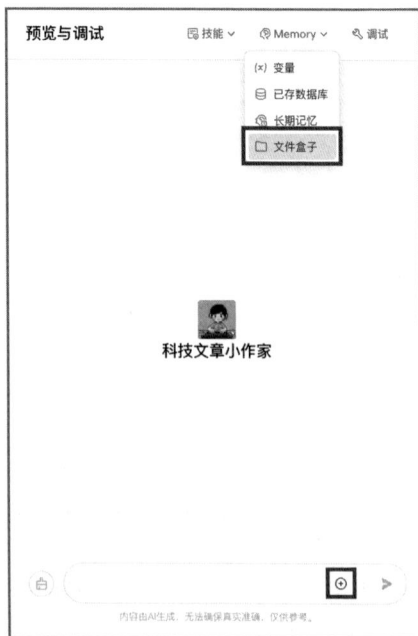

图 5.38　上传文件

　　上传文件后，可以对文件进行提问、复制名字、改名和删除操作，同时也可以使用自然语言在对话中操作，如图 5.39 所示。

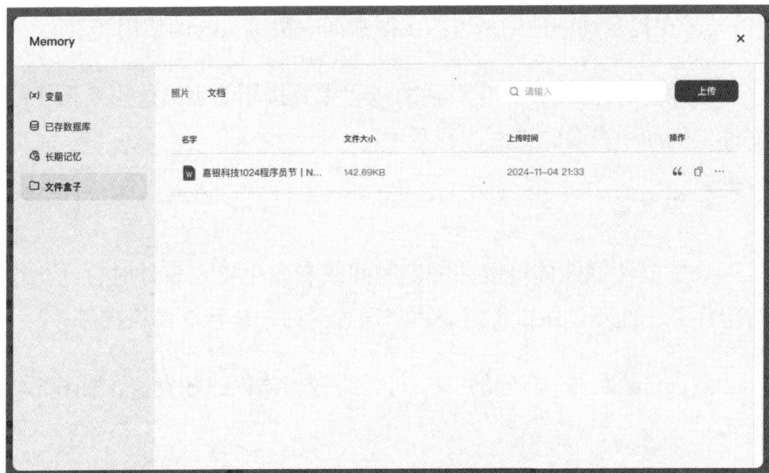

图 5.39 查看文件盒子

文件盒子有 3 种使用方法。

a. 直接使用 API：在"文件盒子"下方的"工具详情"中可以查看 API 列表，在对话时可以直接发送 API 的名称，如图 5.40 所示。

图 5.40 使用文件盒子

　　b. 在提示词中使用 API：在提示词中指定 API 的使用场景。

　　c. 使用自然语言：在对话的过程中直接用语言描述想要操作的文件，例如"查看昨天上传的照片"。

● **触发器**

　　触发器让智能体可以在特定时间或者发生特定事件时自动执行特定任务，而不是每次都需要用户通过对话来让智能体执行任务。

　　点击"触发器"右侧的"+"可以为智能体创建触发器，如图 5.41 所示。

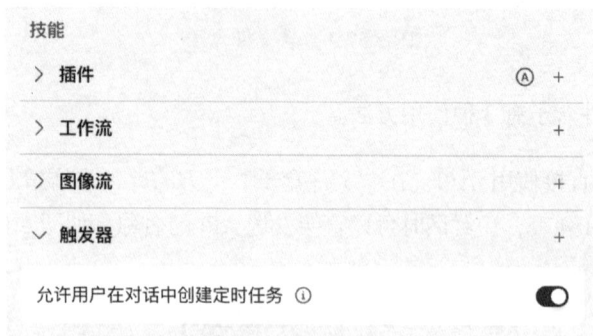

图 5.41　创建触发器

　　创建触发器时，需要填写触发器的名称和类型。这里我们以定时触发为例建立一个"写文章提醒"触发器，类型选择"定时触发"，然后我们可以设定每天 9:00 推送消息"今天应该开始写文章啦!"，如图 5.42 所示。

图 5.42 填写触发器信息

如果想要创建和使用其他类型的触发器，可以参考扣子的官方文档。

(5) 步骤五：预览与调试

搭建好智能体后，可以通过在"预览与调试"界面中与智能体对话来测试和发现问题，然后有针对性地进行调整和优化，最后确保智能体符合预期。

除此之外，扣子还提供了更加专业的"调试台"工具。在"预览与调试"界面中，点击上方的"调试"或者智能体回复消息下方的调试按钮，就可以从右侧弹出"调试详情"界面，如图 5.43 所示。

图 5.43　预览与调试

　　在这里可以看到针对当前消息或者历史消息的详细调试信息，包括：会话整体耗时、消耗 token 数、调用树、火焰图和节点详情，如图 5.44 所示。

调试详情 ✕

☐ ▽ 🔍 写一小段关于"扣子平台"的文章 ⌄

耗时 10094ms | 2506 Tokens ✓ 成功 一键反馈

Logid: 2024110423234411A242ECA2AC845167C2 ⧉
请求发起时间: 2024-11-04 23:23:44   首次响应耗时: 471ms

调用树 火焰图

⊕ 用户输入 UserInput
　　▣ 知识库 Knowledge
　　▣ 调用 LLM 豆包·Function call模型
　　▣ 插件工具调用 TableMemory_ts-TableMemory-tableExecute
　　▣ 调用 LLM 豆包·Function call模型
　　▣ 调用 LLM LLM_suggest

节点详情

类型: 开始   状态: 成功
名称: UserInput   整体耗时: 10094ms
请求发起时间: 2024-11-04 23:23:44   首次响应耗时: 471ms
结束时间: 2024-11-04 23:23:54   Tokens: 2506
首字符回复时间: 2024-11-04 23:23:45

输入 ⧉

```
▼[ 1 item
  ▼0:{ 2 items
    "content_type": "text"
    ▼"content":{ 3 items
      "text": "写一小段关于"扣子平台"的文章"
      "image_url":
      "file_url":
    }
  }
]
```

输出 ⧉

文章标题: 扣子平台
文章内容: 扣子平台是一个创新的科技平台, 致力于为用户提供便捷的服务和解决方案。它具有强大的功能和用户友好的界面, 能够满足用户的各种需求。无论是在工作还是生活中, 扣子平台都能为用户带来便利和效率。

图 5.44 调试详情

其中"调用树"展示了生成这条消息的完整调用链路，并且可以点击节点来查看具体的节点信息，包括：节点类型、状态、调用类型、整体耗时、请求发起时间和结束时间、名称，以及具体的输入和输出。分析这些信息可以帮助我们快速找到出现问题的节点和具体故障。而"火焰图"则更加可视化地展示了各个节点的耗时，这样我们可以有针对性地进行特定节点优化，如图 5.45 所示。

图 5.45　火焰图

(6) 步骤六：发布

完成搭建和调试工作后，就可以发布智能体了。目前扣子支持在飞书、微信、抖音、豆包等渠道发布智能体。

在编排界面点击右上角的"发布"按钮，如图 5.46 所示。

图 5.46　发布智能体

在"发布"界面，可以填写"发布记录"方便以后查看历史版本，然后根据实际需要来选择发布平台。点击"发布"按钮后，我们就正式完成了搭建智能体的全部流程，成功发布了自己的智能体，如图 5.47 所示。

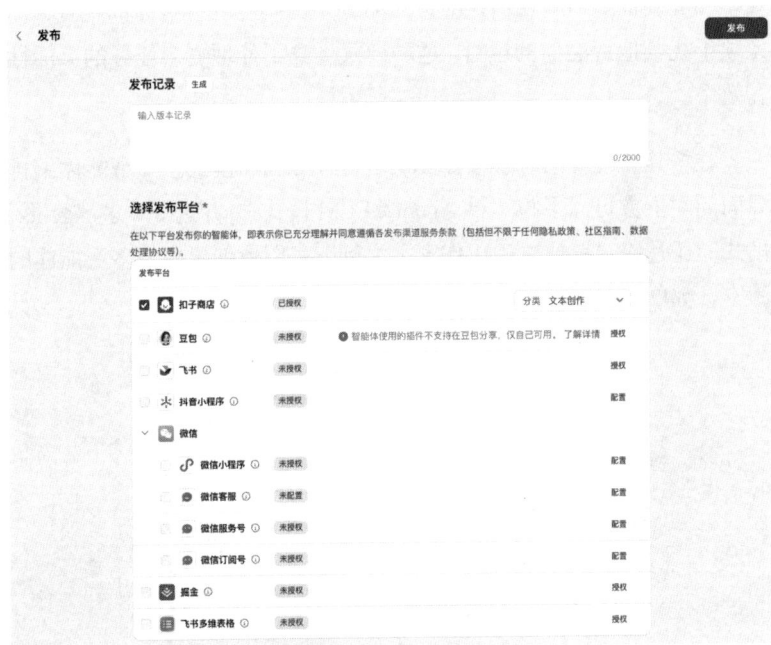

图 5.47　填写发布记录

5.1.3　多智能体工作流

对于复杂的任务，如果使用"单 Agent"模式就需要编写很复杂的提示词、添加多种插件以及进行烦琐的配置，而且很有可能导致智能体在实际处理任务时效果与预期有过大差异。因此，扣子提供了"多 Agents"模式来解决这些问题。

在"多 Agents"模式中，可以同时搭建多个智能体，每个智能体可以独立配置并相互连接。多个 Agent 节点相互协作，可以更高效地解决复杂的任务。此外，每个 Agent 节点会配置自己的插件和工作流，这样不仅降低了单个智能体的负载，还提高了调试和修复 bug 的效率和准确性。当出现错误时，只需调整出问题的智能体的配置，而无须干扰其他智能体的运行。这种模式提高了处理复杂任务的灵活性和效率。

在搭建智能体时，扣子默认为"单 Agent"模式。在智能体编排界面的左上方可以下拉"单 Agent（LLM 模式）"并选择"多 Agents"模式。还是以"科技文章小作家"为例，我们来创建一个多智能体的版本，如图 5.48 所示。

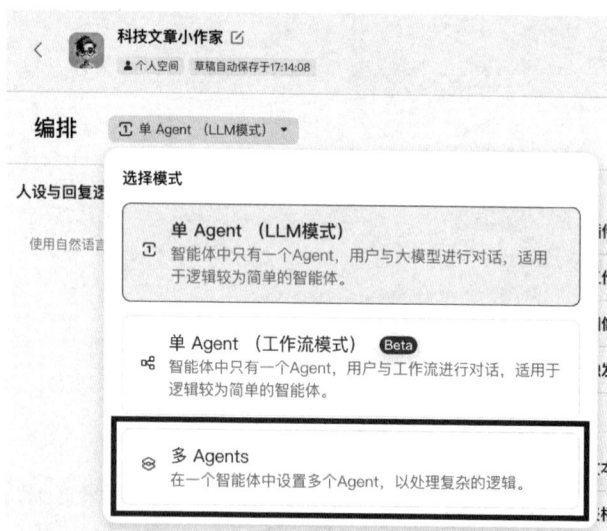

图 5.48　选择"多 Agents"模式

进入"多 Agents"模式后，可以看到编排界面的中间变成了可以添加和连接智能体的画布，如图 5.49 所示。

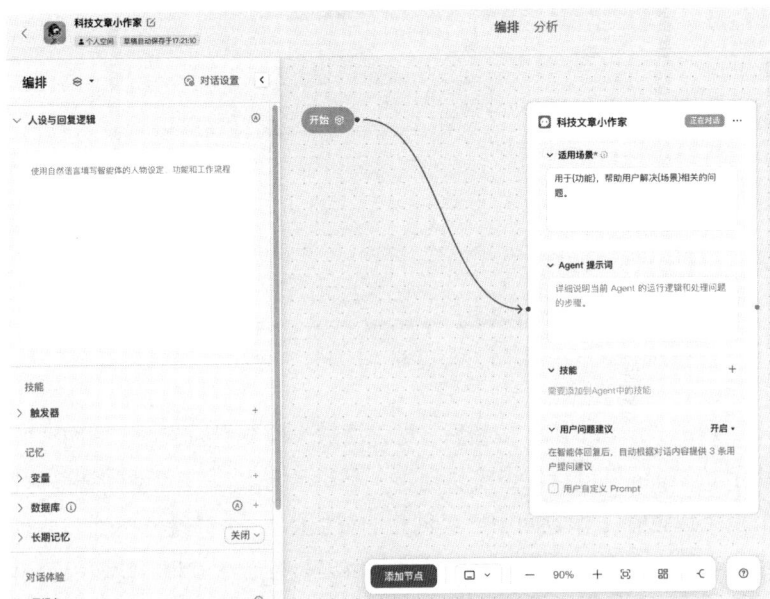

图 5.49　"多 Agents"编排界面

　　首先还是在左侧的"人设与回复逻辑"中编写提示词,并进行技能、记忆、对话体验和角色的配置。需要注意的是,这里是全局配置,会应用于画布中的全部智能体。

　　然后就可以根据具体需求添加相应的智能体了。

　　这里我们看一下"开始"节点。点击节点中的"设置"按钮,可以选择在新一轮对话中将用户消息发给哪个节点。如果选择"上一次回复用户的节点"(见图 5.50),只有在用户手动删除历史对话记录后才会发送给开始节点,否则发送给最近一次与用户对话的节点。如果选择"开始节点",用户的每个消息都会发送给开始节点。

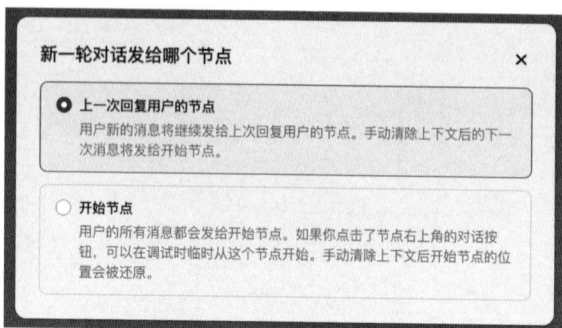

图 5.50 设置"开始"节点

点击"添加节点"按钮后，可以添加 3 种类型的节点，如图 5.51 所示。"Agent"节点代表需要创建一个新智能体。"工作空间智能体"节点可以选择工作空间中已经创建的智能体。"全局跳转条件"节点可以设置一个条件，当满足该条件时可以执行后续流程，就像编程语言中的 if 语句，例如"当用户想要重新开始时执行"。

图 5.51 添加节点

例如，根据撰写科技文章的流程，可以添加并配置"文章采集小助手""科技文章小作家"和"文章优化小助手"这 3 个 Agent 节点。从"开始"节点开始，依次按顺序连接，如图 5.52 所示。

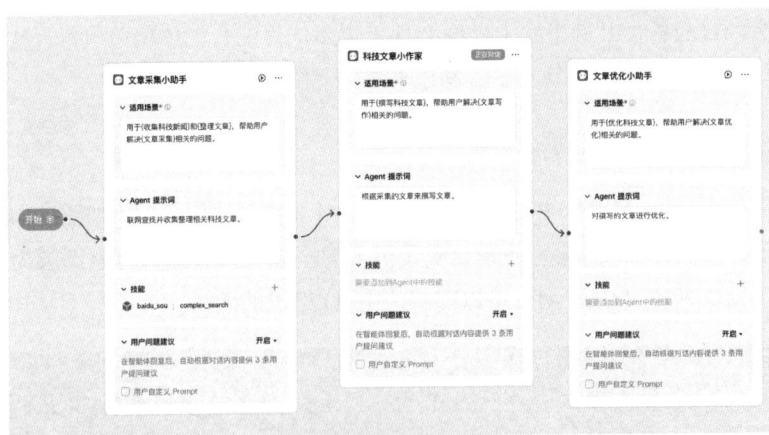

图 5.52　连接节点

搭建好多智能体工作流后，就可以在右侧的"预览与调试"界面进行对话测试了。同时也可以点击节点上方的"与当前 Agent 对话"图标来针对特定智能体进行调试，如图 5.53 所示。

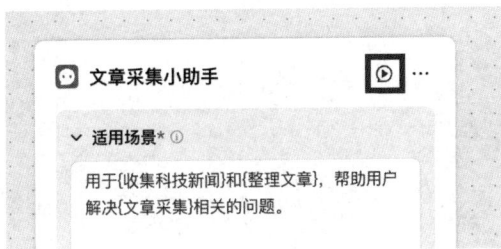

图 5.53　调试特定节点

5.2　通过编程实现智能体

前面讲解了如何使用字节跳动的扣子平台零代码搭建智能体，这适合没有编程基础的读者。接下来，我们将讲解如何使用开源智能体框架进行智能体工作流的开发，没有编程基础的读者可以跳过这个部分。目前各个开源平台上已经涌现了很多优秀的智能体相关项目，这里我们选择比较容易上手、易于理解的 CrewAI 来讲解。

5.2.1　CrewAI 介绍

CrewAI 是基于 Python 语言的自主 AI 智能体协作框架，如图 5.54 所示。"crew" 的意思是轮船或飞机上的全体人员，这里可以理解为团队，所以 "CrewAI" 可以理解为由 AI 组成的团队。

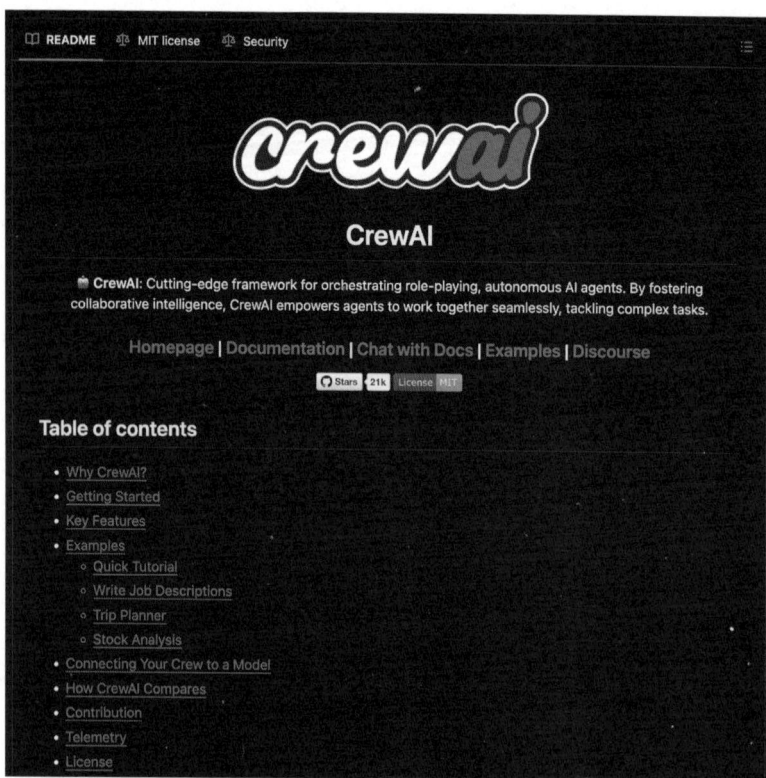

图 5.54　CrewAI

CrewAI 的设计理念是使得 AI 智能体能够像人类团队一样运作，

各自扮演不同的角色，共享目标，并在一个有凝聚力的集体中共同努力。这种方式大大增强了 AI 处理多维度任务的能力，无论是在智能助理、智能客户还是多智能体研究团队的应用中，CrewAI 都提供了强有力的支持。

CrewAI 框架有以下特点。

- **基于角色的智能体设计**：智能体高度定制化，每个角色都有清晰定义的职责和工具，这样的设计有助于优化任务执行过程。
- **自主的智能体间委托**：智能体间可以自主委托任务，相互询问，提高整体的效率和效果。
- **灵活的任务管理**：CrewAI 提供了强大的任务管理工具，支持任务的动态分配和调整。
- **流程驱动的执行模式**：目前支持顺序流程管理和层级流程管理。
- **输出保存和解析**：任务的输出可以保存为文件，或解析为 Pydantic 模型或 JSON 格式，便于进一步处理和集成。
- **整合开源模型**：CrewAI 的开放性设计允许它与各款开源大模型无缝接入，增强自己的智能体团队。

5.2.2 核心概念

下面我们着重讲解 CrewAI 框架中的核心概念，包括这些概念的定义、特点、属性以及代码示例。需要注意的是，这些概念只针对和适用于 CrewAI，并没有通用性和全面性。

1. Agent

Agent 是 Crew 团队的成员，也就是单独的智能体，有特定的技能和特定的工作。Agent 可以担任不同的角色，例如研究员、作家、客户支持等，每个角色都有助于实现团队的总体目标。

Agent 是有自主性的基本单元，可以执行任务、进行决策，以及与其他 Agent 交互。

- **Agent 属性**

Agent 属性如表 5.1 所示。

表 5.1　Agent 属性

属　　性	参　　数	描　　述
角色	role	定义 Agent 在 Crew 中的角色，它决定了 Agent 的职能和任务类型
目标	goal	Agent 想要实现的个人目标，它指导 Agent 的决策过程
背景	backstory	为 Agent 的角色和目标提供背景信息
大模型（可选）	llm	Agent 用来处理和生成文本的语言模型。它动态地从环境变量中获取模型名称 OPENAI_MODEL_NAME，如果未指定，则默认值为 gpt-4
工具（可选）	tools	Agent 具备的工具，可用于执行任务的一组能力或功能。工具可以共享或专用于特定 Agent。它是一个可以在 Agent 初始化期间设置的属性，默认值为空列表
函数调用大模型（可选）	function_calling_llm	如果使用，Agent 将使用这个 LLM 来执行对工具的函数调用，而不是依赖主 LLM 输出
最大迭代数（可选）	max_iter	Agent 在不得不给出最佳答案之前可以执行的最大迭代次数。默认值为 15
最大请求数（可选）	max_rpm	Agent 每分钟可以执行的最大请求数，用来避免速率限制。默认值为 None
最大执行时间（可选）	max_execution_time	智能体执行任务的最大执行时间。默认值为 None，表示没有最大执行时间
详细日志（可选）	verbose	设置为 True 时，启用 Agent 执行的详细日志记录可以用于调试或监视。默认值为 False
允许委派（可选）	allow_delegation	Agent 可以相互委派任务或问题，确保每项任务都由最合适的 Agent 处理。默认值为 True

（续）

属　　　性	参　　数	描　　　述
步骤回调（可选）	step_callback	在 Agent 的每个步骤之后调用的函数，用于记录 Agent 的操作或执行其他操作。它将覆盖 crew step_callback
缓存（可选）	cache	设置 Agent 是否应使用缓存来使用工具。默认值为 True
系统模板（可选）	system_template	指定 Agent 的系统格式。默认值为 None
提示词模板（可选）	prompt_template	指定 Agent 的提示词格式。默认值为 None
响应模板（可选）	response_template	指定 Agent 的响应格式。默认值为 None
允许代码执行（可选）	allow_code_execution	启用 Agent 的代码执行。默认值为 False
最大重试限制（可选）	max_retry_limit	发生错误时 Agent 执行任务的最大重试次数。默认值为 2
使用系统提示（可选）	use_system_prompt	添加不使用系统提示的功能。默认值为 True
尊重上下文窗口（可选）	respect_context_window	避免上下文窗口溢出的汇总策略。默认值为 True
代码执行模式（可选）	code_execution_mode	确定代码执行的模式：safe（使用 Docker）或 unsafe（直接在主机上执行）。默认值为 safe

- **创建 Agent**

创建 Agent 需要使用所需属性来初始化该类的实例。以下示例创建了一个"数据分析师"Agent，目标是"通过分析数据来提供见解"。

```
from crewai import Agent

agent = Agent(
  role='数据分析师',
  goal='通过分析数据来提供见解',
  backstory="""
  你是一家大公司的数据分析师。
  你负责分析数据并为业务提供见解。
```

```
你目前正在做一个项目来分析我们营销活动的效果。""",
tools=[my_tool1, my_tool2],
llm=my_llm,
function_calling_llm=my_llm,
max_iter=15,
max_rpm=None,
verbose=True,
allow_delegation=True,
step_callback=my_intermediate_step_callback
)
```

2. 任务

任务是由 Agent 完成的具体工作。它们提供 Agent 执行所需的所有详细信息，例如描述、负责的 Agent、所需的工具等。CrewAI 中的任务通常是需要多个 Agent 一起协作完成的，这通过任务属性进行管理并由 Crew 流程进行编排，从而提升团队合作效率。

- **任务属性**

任务属性如表 5.2 所示。

表 5.2　任务属性

属　　性	参　　数	描　　述
描述	description	清晰、简洁地说明任务的内容
智能体	agent	可以指定由哪个 Agent 负责该任务。如果没有指定，Crew 的流程将决定由谁来接替
预期输出	expected_output	清晰、详细地定义任务的预期输出
工具（可选）	tools	Agent 可以用来执行任务的工具
异步执行（可选）	async_execution	设置任务是否应异步执行，允许 Crew 继续执行下一个任务而无须等待完成
上下文（可选）	context	其他任务将其输出用作该任务的上下文。如果任务是异步的，系统将等待该任务完成，然后再将其输出用作上下文

（续）

属　　性	参　　数	描　　述
配置（可选）	config	执行任务的 Agent 的附加配置详细信息，允许进一步自定义。默认值为 None
输出 JSON（可选）	output_json	采用 Pydantic 模型并将输出作为 JSON 对象返回
输出 Pydantic（可选）	output_pydantic	采用 Pydantic 模型并将输出作为 pydantic 对象返回
输出文件（可选）	output_file	保存任务输出的文件路径
输出（可选）	output	TaskOutput 的一个实例，包含原始输出、JSON 输出和 Pydantic 输出以及其他详细信息
回调（可选）	callback	任务完成后，使用任务的输出执行的可调用函数
人工输入（可选）	human_input	设置任务是否在最后进行人工审核，这对于需要人工监督的任务很有用。默认值为 False
转换器类（可选）	converter_cls	用于导出结构化输出的转换器类。默认值为 None

- 创建任务

创建任务时要定义任务的描述、负责该任务的 Agent，以及灵活使用的其他属性。以下是创建一个简单任务的示例：

```
from crewai import Task


task = Task(
    description='查找并总结最新和最相关的人工智能新闻',
    agent=sales_agent
)
```

- 创建使用工具的任务

对于很多复杂的任务，通常要调用相关工具，在创建任务时使用

tools 属性来设置工具列表。以下是一个完整示例，让"研究人员"Agent 使用搜索工具去执行"查找并总结最新的人工智能新闻"任务。

```python
import os
from crewai import Agent, Task, Crew
from crewai_tools import SerperDevTool

os.environ["OPENAI_API_KEY"] = "Your Key"
os.environ["SERPER_API_KEY"] = "Your Key"

research_agent = Agent(
  role='研究人员',
  goal='查找并总结最新的人工智能新闻',
  backstory="""你是一家大公司的研究员。
  你负责分析数据并为业务提供见解。""",
  verbose=True
)

search_tool = SerperDevTool()

task = Task(
  description='查找并总结最新的人工智能新闻',
  expected_output='5 个最重要的人工智能新闻的项目列表总结',
  agent=research_agent,
  tools=[search_tool]          # 执行该任务所需的工具列表
)

crew = Crew(
    agents=[research_agent],
    tasks=[task],
    verbose=2
)

result = crew.kickoff()
```

- **引用其他任务**

在 CrewAI 中，一个任务的输出会自动传递到下一个任务。我们也可以通过 context 属性明确定义哪些任务的输出可以作为另一个任务的上下文。当一个任务依赖于另一个任务的输出时，这个功能是很有用的。以下是一个示例，最后一个写博客文章任务需要依赖前两个任务的输出才能执行。

```
research_ai_task = Task(
    description='查找并总结最新的 AI 新闻',
    expected_output='5 个最重要的人工智能新闻的项目列表总结',
    async_execution=True,
    agent=research_agent,
    tools=[search_tool]
)

research_ops_task = Task(
    description='查找并总结关于人工智能重要性的新闻',
    expected_output='5 个关于人工智能重要性的新闻列表总结',
    async_execution=True,
    agent=research_agent,
    tools=[search_tool]
)

write_blog_task = Task(
    description="写一篇关于人工智能的重要性及其最新消息的完整博客文章",
    expected_output='长度为 4 段的、完整的博客文章',
    agent=writer_agent,
    # 该任务依赖于前两个任务的输出
    context=[research_ai_task, research_ops_task]
)
```

- **异步执行**

如果有多个任务，通常可以将某些任务设置为异步执行。这意味着 Crew 不用等待当前任务完成，而是可以继续下一个任务。这对于需要很长时间才能完成的任务，或者对于下一个任务并不重要的任务很有用。异步执行使用 `async_execution` 属性来设置。在以下示例中，前两个任务设置为异步执行，也就是这两个任务将会同时执行。这两个任务执行完成后，会把输出传递给第三个任务来执行。

```
list_ideas = Task(
    description="列出一篇关于人工智能的文章中值得探索的 5 个有趣想法。",
    expected_output="为一篇文章列出 5 个要点。",
    agent=researcher,
    async_execution=True           # 将会异步执行
)

list_important_history = Task(
    description="研究人工智能的历史，给出 5 个最重要的事件。",
```

```
    expected_output="列出 5 个重要事件。",
    agent=researcher,
    async_execution=True          # 将会异步执行
)

write_article = Task(
    description="写一篇关于人工智能及其历史和相关有趣想法的文章。",
    expected_output="一篇关于人工智能的 4 段文章。",
    agent=writer,
    # 将会等待前两个任务的输出完成
    context=[list_ideas, list_important_history]
)
```

- **获取任务输出**

在 Crew 运行完成后，可以通过使用任务对象的 output 属性来获取特定任务的输出。以下示例中，通过 `task1.output.description` 获得了 task1 任务的描述信息，通过 `task1.output.raw_output` 获得了 task1 任务的原始输出。

```
task1 = Task(
    description='查找并总结最新的人工智能新闻',
    expected_output='5 个最重要的人工智能新闻的项目列表总结',
    agent=research_agent,
    tools=[search_tool]
)

# ......

crew = Crew(
    agents=[research_agent],
    tasks=[task1, task2, task3],
    verbose=2
)

result = crew.kickoff()

# 返回一个 TaskOutput 对象，其中包含任务的描述和结果
print(f"""
    Task completed!
    Task: {task1.output.description}
    Output: {task1.output.raw_output}
""")
```

● **回调机制**

回调函数是在任务完成后需要执行的函数，可以根据任务结果触发操作或通知。CrewAI 中使用 callback 属性设置回调函数。在以下示例中，执行完任务后会自动调用回调函数来输出任务的相关信息。

```python
# 回调函数, 任务完成后再执行 print 操作
def callback_function(output: TaskOutput):
    print(f"""
        Task completed!
        Task: {output.description}
        Output: {output.raw_output}
    """)


research_task = Task(
    description='查找并总结最新的人工智能新闻',
    expected_output='5 个最重要的人工智能新闻的项目列表总结',
    agent=research_agent,
    tools=[search_tool],
    # 设置 callback_function 为该任务的回调函数
    callback=callback_function
)
```

3. 工具

CrewAI 工具为 Agent 提供了各种额外的能力，其中包括 CrewAI Toolkit 和 LangChain Tools 中的工具，可以实现从简单搜索到复杂交互的一切功能。此外，CrewAI 也允许用户自定义工具来实现定制化的功能。

值得一提的是，CrewAI 还为工具的使用提供了强大的错误处理机制和缓存机制。CrewAI 的所有工具都有错误处理功能，允许 Agent 优雅地管理异常并继续执行任务。而且所有工具都支持缓存，使 Agent 能够有效地复用以前获得的结果，减少外部资源的负载和执行时间，还可以使用 cache_function 工具上的属性定义对缓存机制的更精细的控制。

- **使用 CrewAI 工具**

如果使用 CrewAI 自带的工具，需要安装额外的工具包：

```
pip install 'crewai[tools]'
```

示例：

```python
import os
from crewai import Agent, Task, Crew

# 设置 API 的 key
os.environ["SERPER_API_KEY"] = "Your Key"
os.environ["OPENAI_API_KEY"] = "Your Key"

# 导入 CrewAI 的工具
from crewai_tools import (
    DirectoryReadTool,      # 文件目录浏览工具
    FileReadTool,           # 文件读取工具
    WebsiteSearchTool       # 网站搜索工具
)

# 实例化工具
docs_tool = DirectoryReadTool(directory='./blog-posts')
file_tool = FileReadTool()
web_rag_tool = WebsiteSearchTool()

# 创建智能体
researcher = Agent(
    role='市场研究分析师',
    goal='提供最新的人工智能行业市场分析',
    backstory='对市场趋势有敏锐眼光的专业分析师。',
    tools=[web_rag_tool],           # 配备网站搜索工具
    verbose=True
)

writer = Agent(
    role='内容编辑',
    goal='撰写关于人工智能行业的博文',
    backstory='对技术充满热情的作家。',
    # 配备文件目录浏览工具和文件读取工具
    tools=[docs_tool, file_tool],
    verbose=True
)
```

```
# 创建任务
research = Task(
    description='研究人工智能行业的最新趋势并提供总结',
    expected_output='总结了人工智能行业的三大发展趋势，并以独特的视角
阐述了它们的重要性。',
    agent=researcher
)

write = Task(
    description='根据研究分析师的总结，写一篇关于人工智能行业的博客文
章。从目录中最新的博客文章中汲取灵感。',
    expected_output='一篇4段的博客文章，内容引人入胜，内容充实，易于理
解，避免复杂的术语。',
    agent=writer,
    output_file='blog-posts/new_post.md'
)

# 配置一个 crew
crew = Crew(
    agents=[researcher, writer],
    tasks=[research, write],
    verbose=2
)

# 执行任务
crew.kickoff()
```

- **可用的 CrewAI 工具**

CrewAI 提供的工具及其描述见表 5.3。

表 5.3　CrewAI 工具

工　具	描　述
BrowserbaseLoadTool	与网络浏览器交互并从中提取数据的工具
CodeDocsSearchTool	针对搜索代码文档和相关技术文档的 RAG 工具
CodeInterpreterTool	解释 Python 代码的工具
ComposioTool	使用 Composio 的工具
CSVSearchTool	在 CSV 文件中搜索的 RAG 工具
DALL-E Tool	使用 DALL-E API 生成图像的工具
DirectorySearchTool	在文件目录中搜索的 RAG 工具

（续）

工　具	描　述
DOCXSearchTool	在 DOCX 文档中搜索的工具
DirectoryReadTool	对目录结构及其内容进行读取和处理的工具
EXASearchTool	对各种数据源进行详尽搜索的工具
FileReadTool	从文件中读取和提取数据的工具
FirecrawlSearchTool	使用 Firecrawl 搜索网页并返回结果的工具
FirecrawlCrawlWebsiteTool	使用 Firecrawl 抓取网页的工具
FirecrawlScrapeWebsiteTool	使用 Firecrawl 抓取网页 URL 并返回其内容的工具
GithubSearchTool	在 GitHub 存储库中搜索的 RAG 工具
SeperDevTool	用于开发目的的专用工具，具有正在开发的特定功能
TXTSearchTool	在 TXT 文件中搜索的 RAG 工具
JSONSearchTool	在 JSON 文件中搜索的 RAG 工具
LlamaIndexTool	使用 LlamaIndex 的工具
MDXSearchTool	在 Markdown（MDX）文件中搜索的 RAG 工具
PDFSearchTool	在 PDF 文档中搜索的 RAG 工具
PGSearchTool	在 PostgreSQL 数据库内搜索的 RAG 工具
RagTool	通用 RAG 工具，能够处理各种数据源和类型
ScrapeElementFromWebsiteTool	从网站中抓取特定元素的工具，对于目标数据的提取很有用
ScrapeWebsiteTool	抓取整个网站的工具，非常适合全面的数据收集
WebsiteSearchTool	搜索网站内容的 RAG 工具，针对网络数据提取进行了优化
XMLSearchTool	在 XML 文件中搜索的 RAG 工具
YoutubeChannelSearchTool	在 YouTube 频道内搜索的 RAG 工具
YoutubeVideoSearchTool	在 YouTube 视频中搜索的 RAG 工具

● 自定义工具创建

开发者可以根据 Agent 或任务的需求编写自定义工具，这也需要安装额外的工具包：

```
pip install 'crewai[tools]'
```

创建自定义工具有两种方法。一种方法是子类化 BaseTool，以下是代码模板：

```
from crewai_tools import BaseTool

class MyCustomTool(BaseTool):
    name: str = "工具名称"
    description: str = "工具描述"

    def _run(self, argument: str) -> str:
        # 在这里实现功能逻辑
        return "自定义工具的结果"
```

另一种方法是使用 tool 装饰器，以下是代码模板：

```
from crewai_tools import tool

@tool("工具名称")
def my_tool(question: str) -> str:
    """工具描述"""
    # 在这里实现功能逻辑
    return "自定义工具的结果"
```

- **自定义缓存机制**

开发者还可以实现一个 cache_function 函数来微调工具缓存行为。这个函数根据特定条件确定何时缓存结果，从而提供对缓存逻辑的精细控制。

```
from crewai_tools import tool

@tool
def multiplication_tool(first_number: int, second_number: int) ->
str:  # 自定义工具
    """两个数字相乘"""
    return first_number * second_number
```

```python
def cache_func(args, result):  # 自定义缓存机制
    # 只在结果是 2 的倍数时缓存结果
    cache = result % 2 == 0
    return cache


# 使用自定义的缓存机制函数
multiplication_tool.cache_function = cache_func

writer1 = Agent(
    role="写作专家",
    goal="给孩子们算数学题。",
    backstory="你是写作专家，你喜欢教孩子，但你对数学一窍不通。",
    tools=[multiplcation_tool],
    allow_delegation=False,
)

# ......
```

- 使用 LangChain 工具

CrewAI 可以与 LangChain 的工具包无缝集成。以下是使用 LangChain 中 Google 搜索工具的示例。

```python
from crewai import Agent
from langchain.agents import Tool
from langchain.utilities import GoogleSerperAPIWrapper

# 设置 API 的 key
os.environ["SERPER_API_KEY"] = "Your Key"

search = GoogleSerperAPIWrapper()

# 创建搜索工具并将其分配给 Agent
serper_tool = Tool(
    name="搜索查询",
    func=search.run,
    description="用于基于搜索的查询",
)

agent = Agent(
    role='研究分析师',
    goal='提供最新的市场分析',
    backstory='对市场趋势有敏锐眼光的专业分析师。',
```

```
    tools=[serper_tool]
)
# ……
```

4. 流程

CrewAI 中的流程用于协调 Agent 执行任务，类似于人类团队中的项目管理。这些流程确保任务按照预定义的策略有效地分配和执行。CrewAI 目前提供的流程有以下两种。

- ❑ **顺序流程**：按顺序执行任务，确保任务按顺序完成。任务执行遵循任务列表中的预定义顺序，一个任务的输出充当下一个任务的上下文。
- ❑ **层次流程**：层次流程中的任务根据结构化的命令链进行委派和执行。CrewAI 模拟公司层次结构，自动创建一个经理 Agent，并为其指定一个经理大模型（manager_llm）。该 Agent 监督任务的执行，包括计划、委托和验证。任务不是预先分配的，经理 Agent 根据其他 Agent 的能力分配任务，审查输出，并评估任务完成情况。

- ● **将流程分配给 Crew**

在创建 Crew 时可以使用 process 属性来指定流程的类型。如果是层次流程，请确保为经理 Agent 设置一个 manager_llm。以下是创建一个顺序流程 Crew 和一个层次流程 Crew 的示例。

```
from crewai import Crew
from crewai.process import Process
from langchain_openai import ChatOpenAI

crew1 = Crew(
    agents=my_agents,
    tasks=my_tasks,
    process=Process.sequential        # 顺序流程
)
```

```
crew2 = Crew(
    agents=my_agents,
    tasks=my_tasks,
    process=Process.hierarchical,
    # 确保提供了一个 manager_llm
    manager_llm=ChatOpenAI(model="gpt-4")
)
```

5. Crew

CrewAI 中的 Crew 代表一组协作的 Agent，它们共同努力完成任务。每个 Crew 都定义任务执行、Agent 协作和整体工作流程的策略。

- **Crew 的属性**

Crew 的属性如表 5.4 所示。

表 5.4　Crew 的属性

属　　性	参　　数	描　　述
任务	tasks	分配给 Crew 的任务列表
智能体	agents	Crew 中的 Agent 列表
流程（可选）	process	Crew 遵循的流程。默认值为 sequential
详细日志（可选）	verbose	执行期间日志记录的详细级别。默认值为 False
经理大模型（可选）	manager_llm	管理 Agent 在层次流程中使用的语言模型，使用层次流程时为必选参数
函数调用大模型（可选）	function_calling_llm	Crew 可以使用此 LLM 为 Crew 中的所有 Agent 进行工具的函数调用。每个 Agent 都可以拥有自己的 LLM，它将覆盖 Crew 的 LLM 进行函数调用
配置（可选）	config	可选的 Crew 配置设置，为 JSON 或 Dict[str, Any] 格式
最大请求数（可选）	max_rpm	执行期间 Crew 每分钟的最大请求数。如果设置了 max_rpm，它将覆盖单个 Agent 的 max_rpm 设置。默认值为 None
语言（可选）	language	Crew 使用的语言默认为英语

（续）

属　性	参　数	描　述
语言文件（可选）	language_file	Crew 使用的语言文件的路径
记忆（可选）	memory	用于存储执行记忆（短期、长期、实体记忆）。默认值为 False
缓存（可选）	cache	指定是否使用缓存来存储工具执行的结果。默认值为 True
向量器（可选）	embedder	供 Crew 使用的向量器的配置。目前主要由记忆使用。默认值为 {"provider": "openai"}
全部输出（可选）	full_output	设置 Crew 是返回所有任务的完整输出，还是仅返回最终输出。默认值为 False
步骤回调（可选）	step_callback	每个 Agent 执行完每个步骤后调用的函数。这可用于记录 Agent 的操作或执行其他操作。它不会覆盖特定于 Agent 的 step_callback
任务回调（可选）	task_callback	每个任务完成后调用的函数。用于监控或任务执行后的附加操作
分享 Crew（可选）	share_crew	是否愿意与 CrewAI 的官方团队分享完整的 Crew 信息和执行情况，来优化这个开源项目
输出日志文件（可选）	output_log_file	设置是否要拥有一个包含完整 Crew 输出和执行情况的文件。可以使用 True 进行设置，默认为当前所在的文件夹，文件名为 logs.txt，或者传递一个包含文件完整路径和名称的字符串
经理 Agent（可选）	manager_agent	自定义哪个 Agent 作为经理 Agent
经理回调（可选）	manager_callbacks	当使用层次流程时，获取由经理 Agent 执行的回调处理程序列表
提示词文件（可选）	prompt_file	用于 Crew 的提示词 JSON 文件的路径
规划（可选）	planning	为 Crew 添加规划能力。在每次 Crew 迭代之前激活时，所有 Crew 数据都会发送到 AgentPlanner，后者将规划任务，并将此计划添加到每个任务描述中
规划大模型（可选）	planning_llm	AgentPlanner 在规划过程中使用的语言模型

- **创建 Crew**

在 Crew 中需要设置 Agent、任务、流程等，然后需要使用 kickoff()方法启动工作流程。以下是配置并启动 Crew 的示例。

```python
from crewai import Crew, Agent, Task, Process
from langchain_community.tools import DuckDuckGoSearchRun

# 定义具有特定角色和工具的 Agent
researcher = Agent(
    role='高级研究分析师',
    goal='发现创新的人工智能技术',
    tools=[DuckDuckGoSearchRun()]
)
writer = Agent(
    role='内容编辑',
    goal='撰写一篇文章',
    verbose=True
)

# 为 Agent 创建任务
research_task = Task(
    description='识别突破性人工智能技术',
    agent=researcher
)
write_article_task = Task(
    description='写一篇关于最新人工智能技术的文章',
    agent=writer
)

# 按照顺序流程设置 Crew
my_crew = Crew(
    agents=[researcher, writer],
    tasks=[research_task, write_article_task],
    process=Process.sequential,
    full_output=True,
    verbose=True,
)

# 开始 Crew 的任务执行
result = my_crew.kickoff()
print(result)
```

- **Crew 使用指标**

在 Crew 执行之后，可以访问 usage_metrics 属性来查看 Crew 执行的所有任务的大模型的使用指标，这为提升执行效率提供了重要依据。

```
crew = Crew(agents=[agent1, agent2], tasks=[task1, task2])
crew.kickoff()
print(crew.usage_metrics)    # 访问 Crew 的使用指标
```

6. 记忆

为了增强 Agent 的能力，CrewAI 框架引入了复杂的记忆系统，包括短期记忆、长期记忆、实体记忆和情境记忆。

- ❑ **短期记忆**：临时存储最近的交互和结果，使 Agent 能够回忆和利用与其当前上下文相关的信息。
- ❑ **长期记忆**：保留从过去的执行中获得的经验教训，使 Agent 能够随着时间的推移建立和完善它们的知识。
- ❑ **实体记忆**：存储在任务期间遇到的实体信息，例如人名、地点、概念等，促进更深入的理解和关系映射。
- ❑ **情境记忆**：维护交互的上下文，有助于保持执行任务或对话中的连贯性和相关性。

- **在 Crew 中使用记忆**

配置 Crew 时，可以启用和自定义每个记忆组件，以适应 Crew 的目标及其将执行的任务的性质。默认情况下，记忆系统处于禁用状态，可以通过将 memory 属性设置为 True 来开启。默认情况下，记忆将使用 OpenAI Embeddings，但可以通过设置 embedder 来更改。

```
from crewai import Crew, Agent, Task, Process

my_crew = Crew(
```

```
    agents=[...],
    tasks=[...],
    process=Process.sequential,
    memory=True,      # 配置有记忆功能的 Crew
    verbose=True
)
```

5.2.3　搭建流程

介绍完 CrewAI 中的核心概念后，我们通过一个完整的例子来展示这些概念的用法，同时清晰地阐明搭建的流程。

(1) 第一步：安装

为项目安装 CrewAI 和任何必需的包。CrewAI 兼容 Python 3.10至 Python 3.13 版本。

```
pip install crewai
pip install 'crewai[tools]'
```

(2) 第二步：定义 Agent

定义具有不同角色、背景故事和附加功能的 Agent。

```
from crewai import Agent
from crewai_tools import SerperDevTool
import os
os.environ["SERPER_API_KEY"] = "Your Key"
os.environ["OPENAI_API_KEY"] = "Your Key"

search_tool = SerperDevTool()

# 创建具有记忆和详细模式的高级研究员 Agent
researcher = Agent(
    role='高级研究员',
    goal='发现{topic}中的突破性技术',
    backstory="在好奇心的驱使下，你站在创新的最前沿，渴望探索和分享可能
改变世界的知识。",
    verbose=True,
    memory=True,
    tools=[search_tool],
    allow_delegation=True
```

```
)

# 创建具有自定义工具和委托功能的作家 Agent
writer = Agent(
    role='作家',
    goal='讲述关于{topic}的引人注目的技术故事',
    backstory="凭借简化复杂主题的天赋，你精心制作了引人入胜、富有教育意
义的叙事，以一种通俗易懂的方式将新发现公之于众。",
    verbose=True,
    memory=True,
    tools=[search_tool],
    allow_delegation=False
)
```

(3) 第三步：定义任务

详细说明 Agent 的工作内容和具体目标。

```
from crewai import Task

# 研究任务
research_task = Task(
    description=(
        "确定{topic}的下一个大趋势。"
        "专注于识别利弊和整体叙述。"
        "你的最终报告应该清楚地阐明要点、市场机会和潜在风险。"
    ),
    expected_output='一份关于最新人工智能趋势的全面的 3 段长报告。',
    tools=[search_tool],
    agent=researcher,
)

# 协作任务
write_task = Task(
    description=(
        "就{topic}撰写一篇有见地的文章。"
        "关注最新趋势及其对行业的影响。"
        "这篇文章应该易于理解，引人入胜，积极向上。"
    ),
    expected_output='一篇关于{topic}进展的 4 段文章，格式为 markdown。
',
    tools=[search_tool],
    agent=writer,
    async_execution=False,
    output_file='new-blog-post.md'
)
```

(4) 第四步：组建 Crew

将多个 Agent 组合成一个 Crew，设置它们完成任务所遵循的工作流程。

```python
from crewai import Crew, Process

crew = Crew(
    agents=[researcher, writer],
    tasks=[research_task, write_task],
    process=Process.sequential,
    memory=True,
    cache=True,
    max_rpm=100,
    share_crew=True
)
```

(5) 第五步：启动

```python
result = crew.kickoff(inputs={'topic': '医疗保健中的人工智能'})
print(result)
```

5.2.4 DeepSeek 智能体

2025 年 1 月 20 日，幻方量化旗下的 DeepSeek 公司正式发布 DeepSeek-R1 模型，直接颠覆了全球的 AI 格局。作为一款开源模型，DeepSeek-R1 可以直接被部署到本地计算机当中。下面将带领大家逐步部署 DeepSeek-R1 模型，并接入到 CrewAI 智能体中。

1. 本地部署 DeepSeek

我们使用 Ollama 来部署 DeepSeek 模型，这是一款可以将多种主流大模型部署到本地的工具，操作简单快捷。

首先，进入 Ollama 官网，点击 Download 按钮下载 Ollama 应用程序，如图 5.55 所示。

Get up and running with large language models.

Run Llama 3.3, DeepSeek-R1, Phi-4, Mistral, Gemma 2, and other models, locally.

Download ↓

Available for macOS, Linux, and Windows

图 5.55　下载 Ollama

然后选择计算机操作系统对应的 Ollama 版本进行下载，如图 5.56 所示。

Download Ollama

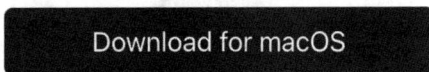

macOS　　Linux　　Windows

Download for macOS

Requires macOS 11 Big Sur or later

图 5.56　选择 Ollama 版本

下载完成后，打开应用程序，点击 Next 按钮，如图 5.57 所示。

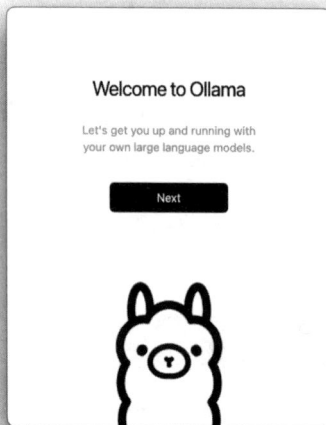

图 5.57　开始安装 Ollama

继续点击 Install 按钮，并进行身份验证，如图 5.58 所示。

图 5.58　继续安装 Ollama

安装完成后，点击 Finish 按钮，如图 5.59 所示。

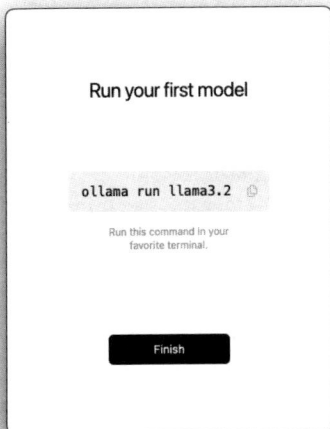

图 5.59 完成安装

Ollama 安装完成后，回到官网，点击导航栏中的 Models，然后点击 DeepSeek-R1 的链接，如图 5.60 所示。

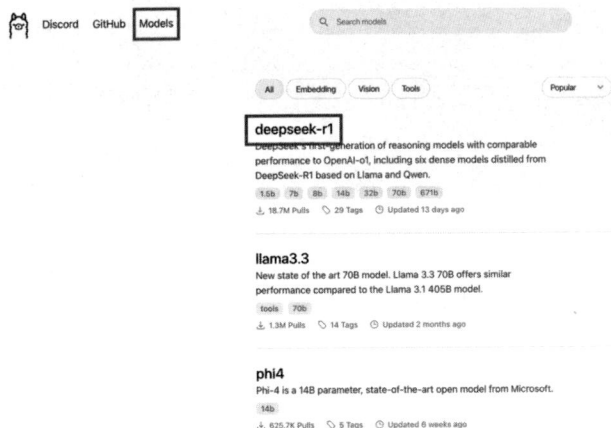

图 5.60 点击 DeepSeek-R1 的链接

进入链接后，选择适合计算机配置的模型版本。然后点击复制按钮，复制下载 DeepSeek-R1 模型的命令，如图 5.61 所示。

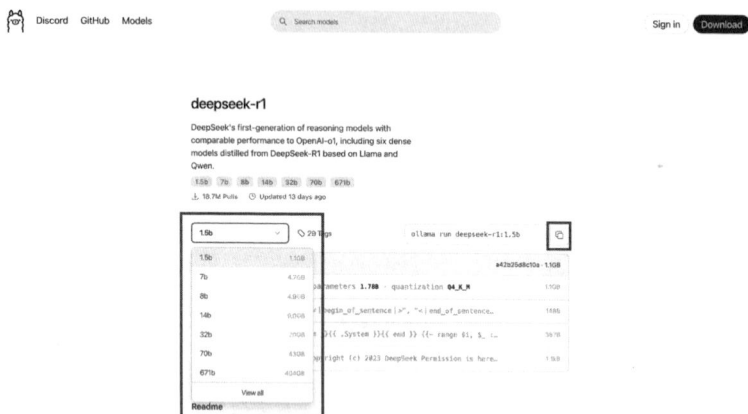

图 5.61　选择 DeepSeek 模型版本

打开终端，然后粘贴复制的命令，按回车键开始安装模型。安装成功后就可以在终端进行对话了，如图 5.62 所示。

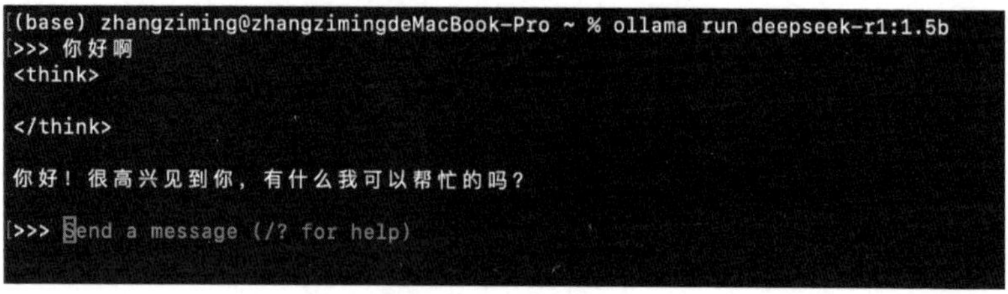

图 5.62　运行 DeepSeek

2. CrewAI 接入 DeepSeek

DeepSeek 部署完成后，我们可以在创建 CrewAI 智能体的时候自定义使用的模型。通过修改 Agent() 中的 llm 属性，可以接入本地部署好的 DeepSeek 模型。

```
from crewai import Agent, LLM

agent = Agent(
    role="",
    goal="",
    backstory="",
    llm=LLM(model="ollama/deepseek-r1:1.5b",
base_url="http://localhost:11434")
)
```

修改完成后，运行代码，就可以看到 DeepSeek 运行在智能体中了。

5.3 结语

通过本章的实践，相信大家已经对如何搭建智能体有了基本的了解，并且已经成功搭建了自己的智能体。搭建智能体不仅仅是学习如何进行平台操作或者编写代码，更是学习如何思考、创新和解决问题的过程。不论是技术小白还是编程高手，在以后的工作、学习甚至生活中，都可以细心发现需求和问题，然后亲手搭建智能体来解决它们，让工作变得更加轻松高效，让生活变得更加美好！

第 6 章　智能体应用场景

——赋能千行百业

随着人工智能技术的日益成熟，智能体已经从幕后走到了台前，成为各行各业不可或缺的力量。从基础服务到高端科技研发，从简单的日常任务到复杂的决策支持，智能体正在逐步展现其无限的潜力和广泛的应用前景。这些高度自动化的系统不仅在效率上超越了传统方法，更在质量、个性化服务与创新方面重新定义了可能性的边界。

本章将深入探讨智能体在不同领域的具体应用，涵盖从个人生活的便利性到企业运营和社会运作的宏观层面，展示它们如何智能地融入我们的世界，塑造未来的新常态。

6.1　个人助理——日常生活的智能伙伴

从苹果的 Siri 智能语音助手推出开始，智能个人助理已经成为很多人日常生活中的一部分。随着大模型时代的来临，智能个人助理将会从简单的命令执行者演变为我们生活中不可或缺的全能助手。这些智能体通过大模型技术和持续学习能力，能够预测用户需求，提供高度个性化的服务，提升人们日常生活的质量。

❑ **智能日程管理**：智能个人助理的基本功能之一是管理个人日程。通过语音或文本输入，用户可以快速设置会议、提醒和其他日常活动。智能个人助理不仅可以提醒用户的会议时间，还能根据交通状况提前提醒出发，确保用户不会迟到。此外，它还能自动调整日程冲突，并在用户忙碌时帮助用户筛选和优先处理重要任务。

❑ **邮件和通信管理**：智能个人助理可以根据用户的习惯和优先级自动分类、标记重要信息，并提醒用户关注急需回复的邮件。它们甚至可以根据用户过往的回复风格，自动生成回复草稿，大大节省用户处理消息和邮件的时间。

❑ **智能家居控制**：智能个人助理可以与家中的智能设备无缝连接，控制灯光、温度、安全系统等。通过简单的语音命令，用户可以在家中的任何位置调整设备设置，从而享受真正的智能生活。

联想在 2024 Lenovo Tech World 大会上首次推出了业界领先的 AI 个人助理智能体——联想小天，并且同时发布了超过十种联想小天核心应用，包括 AI 画师、AI PPT、文档总结、智会分身等。

这些应用场景仅仅是智能个人助理能力的冰山一角。随着技术的不断进步和用户需求的日益增长，可以预见智能个人助理将在未来发挥更大的作用。

6.2 教育——未来学习小导师

教育领域是人工智能应用最为广泛且富有成效的领域之一。智能体在教育中的应用正在改变传统的教学和学习方法，使教育更加个性化、高效和具有互动性。它们可以根据学生的学习进度和兴趣定制教学内容，实现"因材施教"。此外，通过数据分析，智能体能够提供有针对性的复习建议，帮助学生更高效地掌握知识。

❑ **个性化学习路径**：通过分析学生的学习习惯、知识掌握情况和学习速度，智能体能够为每位学生设计个性化的学习路径。这种定制化的学习方案可以确保学生在理解困难的概念时获得更多的关注和资源，同时在掌握良好的地方加速学习进程。例如，智能教学平台可以根据学生的测验结果自动调整课程难度和内容，确保每个学生都能以最适宜的节奏学习。

❑ **互动式学习工具**：智能体在教育应用中常常表现为互动式学习工具，例如虚拟实验室、模拟软件和游戏化学习平台。这些工具能够提供实时反馈和支持，使学生能够通过实践学习理论知识。例如，虚拟化学实验室让学生可以在安全的虚拟环境中进行化学实验，增强实验的可接触性和安全性，同时减少学校在实体实验上的开支。

❑ **自动化评估系统**：评估学生的学习成果是教育过程中的一个重要部分，智能体可以在这一过程中扮演关键角色。通过使用智能评估系统，教师可以自动批改选择题和客观题，甚至是一些基于规则的主观题。这不仅减轻了教师的负担，还可以提供即时反馈给学生，帮助他们及时了解自己的学习状况，发现需要改进的地方。

❑ **虚拟教师和辅导员**：在资源有限的环境中，智能体可以作为虚拟教师或辅导员，提供学习指导、与学生进行交互、解答学习中的疑问，甚至在学生感到沮丧时提供心理支持。

❑ **适应性学习技术**：适应性学习技术通过分析学生的互动和学习成果，不断调整教学内容和方法，以适应学生的学习需求。这种技术可以在在线课程和电子教材中广泛使用，通过动态调整课程的难易程度和提供的资源量，确保每位学生都能在最佳状态下学习。

百度就推出过教育智能体产品——基于文心大模型的小度学习机Z30。小度学习机Z30可以精准模拟课文情景，帮助孩子更深入地理解和掌握学习内容。这台学习机包含计划、诊断、练习、学习、预习、育儿以及答疑等七大功能，为孩子提供了一个全面且高效的学习方案。AI 师生互动课程和个性化练习服务能根据孩子的具体情况定制个性化的学习计划，并提供随时答疑，如同一位耐心的老师，指导孩子进行自主学习。

通过这些应用可以看到智能体给教育领域带来了很多革新。这些技术不仅优化了教学和学习的方式，也为教育的未来开辟了新的可能性。

6.3　医疗健康——科技护航健康未来

医疗健康领域是人工智能技术特别是智能体应用最为活跃而且效果显著的领域之一。智能体通过提高诊疗效率、提供个性化治疗以及改善患者护理质量，正在逐步改变传统医疗服务的面貌。

- ❑ **疾病诊断支持**：通过计算机视觉和大模型技术，智能体能够从大量的医疗影像和患者数据中识别出疾病迹象，协助医生进行更准确的诊断。例如，智能体在皮肤癌诊断中的准确率已经达到甚至超过经验丰富的皮肤科医生，它通过分析成千上万的皮肤病变图像，能够迅速、准确地识别出恶性变化。
- ❑ **个性化治疗计划**：根据患者的具体病情、遗传信息和生活习惯，智能体可以推荐最适合的药物组合和治疗方法。例如，在癌症治疗中，智能体能够分析肿瘤的基因表达模式，预测特定患者对药物的反应，从而为医生提供定制化的治疗建议。
- ❑ **手术辅助**：在手术室内，智能体可以作为手术辅助系统来提供帮助。使用计算机视觉技术和精密的机械臂，智能体能够协助医生执行复杂的手术操作，提高手术的精确性和安全性。例如，机器人辅助的微创手术已在泌尿科和妇科手术中得到广泛应用，帮助医生以更小的切口完成操作，降低手术风险，同时缩短患者的恢复时间。

- ❑ **长期健康管理**：智能体在慢性疾病管理和长期健康监测中扮演着重要角色。通过可穿戴设备或家庭安装的传感器，智能体可以实时监控患者的生理参数，例如心率、血压和血糖水平，并通过移动设备向医生和患者提供实时反馈。这种持续的健康监测可以帮助患者更好地管理慢性病，预防疾病恶化。
- ❑ **药物研发加速器**：通过分析大量的化合物数据和临床试验结果，智能体可以预测药物的效果和副作用，加速新药的开发流程。此外，AI 还能在模拟环境中测试药物与人体蛋白的相互作用，帮助科学家筛选出最有潜力的候选药物。
- ❑ **传染病预测与管理**：智能体在传染病监测和预测方面也显示出了巨大的潜力。通过实时分析来自全球的感染数据、旅行记录和社交媒体信息，智能体可以预测传染病的传播趋势和潜在热点，为政府和公共卫生机构提供决策支持。

清华大学人机交互实验室曾经推出"医者 AI"。它专注于亚健康管理，提供全天候的健康管理服务。这使得每个家庭都能拥有专属的健康管家 AI 智能体，实现全面的健康监护。

智能体在医疗健康领域的应用正逐步展现出更深远的影响力。通过提高诊断的准确性、优化治疗方案和增强患者护理，智能体不仅为患者带来了希望，也为医疗行业带来了革命性的变革。随着技术的进一步发展和应用的深化，未来智能体将在医疗健康领域扮演更加核心的角色，为人类健康护航。

6.4 媒体和娱乐——个性化娱乐时代

媒体和娱乐行业一直是创新技术的前沿阵地，生成式 AI 技术的加入无疑加速了这一领域的变革。从个性化内容推荐到创意内容生成，从观众互动到运营优化，智能体正在重塑我们消费和享受媒体娱乐的方式。

- ❑ **个性化内容推荐**：在视频流媒体服务中，智能体可以通过分析用户的观看历史、评分和搜索习惯，精确推荐用户可能喜欢的电影、电视剧或视频。这种个性化推荐系统不仅提高了用户满意度，也增加了平台的观看时长和用户黏性。智能体的推荐算法持续学习用户的偏好变化，不断调整推荐逻辑，确保内容推荐的相关性和新鲜感。

- ❑ **创意内容生成**：智能体在内容创作中也发挥着越来越重要的作用。在音乐、文学和视觉艺术领域，AI 已能够生成创新性的作品。例如，AI 可以根据现有的风格和流行趋势，创作新歌曲、写出诗歌或者绘制艺术画作。在影视制作中，智能体可以帮助编写剧本，甚至在一定程度上参与影片的剪辑和后期制作，提高制作效率并降低成本。

- ❑ **观众互动提升**：智能体技术使得观众互动变得更加动态和吸引人。在直播平台和社交媒体中，聊天机器人可以实时回应观众的评论和问题，提升观众的参与度和满意度。此外，通过 VR 和 AR 技术，智能体可以为用户提供沉浸式的娱乐体验，例如虚拟演唱会和互动式故事叙述，这些都丰富了用户的体验。

- ❑ **广告和市场营销优化**：智能体可以分析大量的市场数据，识别目标受众，并优化广告内容和投放时间，以最大化广告效果，还能实时调整营销策略，响应市场变化和消费者行为，帮助企业更精准地达到其营销目标。

- ❑ **运营与分析优化**：智能体可以通过分析用户数据和市场趋势，帮助媒体公司优化其业务运营和决策过程。例如，智能体可以预测特定内容的受欢迎程度，指导内容购买和决策制定。此外，智能体在流量分析和用户留存上的应用，可以帮助公司评估其产品和服务的表现，进而优化用户体验和扩展用户基础。

2024年2月24日，潮新闻在周年用户大会上发布了"潮新闻智能体"。它具有智能助手、智能推荐、智能服务和智能创作四大功能，可以帮助潮新闻进入媒体客户端智能体时代。"潮新闻智能体"作为新载体连接了客户端的内容和服务，实现了内容智能检索、新闻推荐、热门活动推荐、旅游路线生成等功能，让用户可以更加高效地获取信息。

智能体在媒体和娱乐领域的应用正在开辟新的创意和商业模式，不仅为消费者带来了更加丰富多彩的娱乐体验，也为行业提供了更高效的运营方式。随着技术的进一步发展，智能体将继续在媒体和娱乐行业中扮演重要角色，推动这一行业向更加个性化、互动和智能化的方向发展。

6.5 购物——智能购物的新时代

在数字化时代，智能体技术的应用正逐步将购物变为一种更加个性化、高效和互动的活动。智能体通过分析消费者的购物习惯和偏好，提供个性化的购物建议，还能够帮助商家优化库存管理和物流，从而降低成本并提高效率。

- ❑ **个性化推荐系统**：智能体可以通过分析用户的浏览历史、购买记录和偏好设置，提供高度个性化的产品推荐，从而提升用户满意度并增加销售额。例如，淘宝利用智能推荐系统，为每位用户展示定制化的商品页面，极大地提高了购买转化率和客户忠诚度。

- ❑ **购物助手**：虚拟购物助手通过文本或语音与用户交互，帮助用户找到所需商品、解答查询并处理订单。这些购物助手能够提供即时的客户服务，解决用户的疑问和问题，有时甚至能在用户明确需求前预测并满足这些需求。

❑ **库存和供应链管理**：智能体通过实时分析销售数据、库存水平和供应链状态，自动调整库存量，预测供应需求，优化货物分配和运输路径。这不仅减少了过剩和缺货的情况，也显著降低了仓储和物流成本。

❑ **动态定价策略**：智能体能够实现动态定价，根据市场需求、库存情况和竞争对手价格自动调整商品价格。这种灵活的定价策略可以帮助零售商最大化利润，同时保持市场竞争力。智能体可以在特定时段内，例如假日销售高峰，自动提供促销和折扣，吸引消费者购买。

❑ **售后支持和服务**：售后支持是保持客户满意度和忠诚度的关键。智能体能够提供自动化的退货流程、快速响应的客户服务和个性化的后续产品推荐。例如，智能体可以根据用户的购买历史和偏好提供保养建议、使用技巧甚至是维修服务，这些都极大地提升了用户体验。

❑ **社交购物和影响力营销**：智能体还可以在社交购物场景中扮演关键角色。它们可以分析社交媒体趋势和用户互动，帮助品牌识别潜在的影响者和关键观众。此外，智能体还可以协助开展影响力营销活动，通过个性化的内容推广和优化的社交互动来驱动销售。

❑ **消费者行为分析与市场预测**：智能体通过深入分析消费者行为数据和市场趋势，为零售商提供洞见，帮助他们更好地理解消费者需求和偏好。这些分析结果可以用于指导产品开发、营销策略和客户关系管理，使零售商能够提前应对市场变化，捕捉新的商业机会。

百度优选为商家提供了"慧播星"数字人直播解决方案和智能营销托管工具，涵盖了商家经营的全链路，显著提高了商家的运营效率。慧播星是业界首创的 AI 全栈式数字人直播解决方案，它也是一种超级智能体。慧播星的产品功能非常先进，包括高度逼真的 AI 主播，实现了纳米级的形象复刻与个性化语音克隆；由文心大模型驱动的 AI 大脑，能够全面智能地实时控制数字人主播的脚本和智能问答；AI 场控功能，能够实现对整个直播间的智能调控，主动营造氛围并根据观众环境的变化实时调整直播内容。

智能体技术的这些应用不仅仅是提升购物体验，更是在构建未来的零售生态系统。

6.6 软件开发——编程的智能化转型

在软件开发领域，智能体技术的应用正日益成为推动效率提升和创新的关键力量。从代码编写到测试，再到部署和维护，智能体在重新定义软件开发的流程和质量。

- ❑ **代码自动生成与辅助编程**：智能体可以理解复杂的编程语言和框架，自动生成代码段或者提供代码补全选项。例如，AI 编程助手 GitHub Copilot 能够根据开发者的部分输入，预测并填充整个代码块，显著提升编码速度和准确性。这种智能辅助不仅减轻了开发者的负担，还减少了人为错误。
- ❑ **代码审查与优化**：智能体在代码审查过程中通过自动分析代码质量，识别潜在的错误和改进点，并提供反馈和修复建议。它们可以检测出复杂的问题，例如内存泄漏、死锁或过时的库引用，这些通常难以通过手动审查发现。智能体还能根据最佳实践和编码标准提出优化建议，确保代码的稳健性和可维护性。
- ❑ **自动化测试与质量保证**：在软件测试领域，智能体通过自动执行测试用例、分析测试结果并识别软件缺陷，极大提高了测试效率并扩大了测试的覆盖面。智能体可以在软件开发生命周期中持续进行性能监测和压力测试，确保软件在各种环境和工况下的稳定性和性能。此外，智能体能够根据应用的实际使用情况自动调整测试策略，持续改进测试过程。

❑ **项目管理与协作**：智能体在项目管理中帮助团队更好地规划项目进度，预测资源需求和潜在风险。通过分析历史项目数据和团队表现，智能体能提供项目进度预测，优化任务分配，并且可以实时调整项目计划来应对变化。在团队协作方面，智能体通过自动化常规的沟通任务，例如会议安排、进度更新和依赖性管理，促进团队成员之间的高效协作。

由数名天才工程师创建的初创公司 Cognition，成立不到两个月就推出了名为 Devin 的 AI 编程助手，引发了全球范围的热议。Devin 可以帮助软件工程师处理各种开发任务。Devin 与市场上的其他 AI 助手有所不同，它不仅仅是一个辅助工具，而是具备独立完成整个开发项目的能力，可以处理从代码编写、bug 修复到整个项目执行的完整编程生命周期。

智能体在软件开发中的应用正逐步实现开发过程的自动化、智能化和高效化。未来智能体将在更多维度支持软件开发，不断推动软件工程向更高水平演进。

6.7　游戏——互动娱乐的新天地

游戏领域是人工智能技术，特别是智能体技术，得到广泛应用和快速发展的热土。从提升游戏体验到改变游戏开发方式，智能体正逐步成为游戏设计和玩家互动的核心。

❑ **非玩家角色（NPC）行为增强**：智能体技术使得 NPC 能够展现出更加复杂和真实的行为模式。在传统游戏中，NPC 的行为往往是预设的，可预测性强。而引入智能体后，NPC 可以根据玩家的行为和游戏环境做出更加自然和有逻辑的反应,增强了游戏的互动性和真实感。例如,在角色扮演游戏中,NPC可以根据与玩家的互动历史调整对玩家的态度和提供的任务类型,使得每位玩家的游戏体验都独一无二。

❑ **动态游戏内容生成**:智能体在游戏中可以用于动态生成内容,从地图布局到故事情节,都可以由 AI 在游戏过程中根据需要生成。这不仅增强了游戏的可玩性,也让每次游戏体验都充满新鲜感。例如,智能体可以根据玩家的游戏风格和进度自动调整游戏难度,生成新的挑战和奖励,保证游戏的挑战性和公平性。

❑ **游戏测试和质量保证**:智能体在游戏测试阶段也显示出了巨大的价值。通过自动化测试脚本和模拟玩家行为,智能体可以在游戏发布前发现并修复 bug,测试游戏的平衡性和用户界面的友好度。智能体能够在各种操作系统和硬件配置上测试游戏,确保所有玩家都能获得优质的游戏体验。

DeepMind 推出了叫作 SIMA 的通用 AI 智能体,可以在多种三维虚拟环境中依据自然语言指令完成任务。DeepMind 与众多游戏开发商合作,利用不同的电子游戏对 SIMA 进行训练。这一进展标志着智能体在广泛理解游戏世界方面的首次突破,并且它能够像人类一样根据自然语言指令,在虚拟环境中执行任务。

智能体在游戏领域的应用正在不断扩展和深化,它们不仅增强了游戏的互动性和趣味性,也为游戏开发和测试带来了效率革命。

6.8　自动驾驶——交通方式的终极目标

自动驾驶技术是智能体应用中最为引人注目的领域之一,它不仅代表了汽车工业的未来,还预示着交通系统的全面变革。

❑ **环境感知与数据处理**：智能体在自动驾驶车辆中的首要任务是实现精确的环境感知。通过搭载的传感器，如雷达、摄像头和激光扫描仪，智能体能够实时捕捉周围环境的详细信息。这些数据被用来构建车辆周围的详细三维地图，帮助车辆理解其在路上的具体位置，识别并分类周围的其他车辆、行人、障碍物和道路标识。

❑ **决策制定与控制执行**：基于收集到的环境数据，智能体必须快速且准确地做出决策，包括调整车速、规划行进路线、执行超车等复杂的驾驶操作。智能体也可以预测其他交通参与者的行为，并据此优化自己的行动策略，确保所有操作的安全性和合理性。

❑ **交通行为优化**：智能体在自动驾驶领域的应用也承担着优化交通流和减少拥堵的任务。通过与城市的交通管理系统相连，自动驾驶车辆可以接收到实时交通更新和调整建议，智能体可以根据这些信息调整行车路线，选择最佳行进路线。此外，智能体能够与附近的其他自动驾驶车辆进行通信，协同调整行驶速度和车距，大大提高道路的通行效率。

❑ **乘客体验与交互**：在提高驾驶安全和效率的同时，智能体还致力于提升乘客的旅行体验。在自动驾驶车辆内部，智能体可以通过语音或触摸界面与乘客交互，提供旅程信息、娱乐内容或者路线调整选项。智能体还能根据乘客的偏好和反馈调整车内环境设置，例如座椅调整、温度控制和媒体播放，使每次行程都尽可能舒适。

智能体的这些应用在自动驾驶领域展现出了巨大的潜力，它们不仅在提高道路安全和交通效率上发挥着重要作用，还在重新定义人们对驾驶和出行的期待。

6.9 金融服务——精确的决策支持

金融行业是智能体应用的一个重要领域,涉及从数据分析到风险管理,再到客户服务等多个方面。智能体技术正在彻底改变金融机构的运作方式,提高决策效率,降低风险,并优化客户体验。

- **风险评估与管理**:在金融领域中,智能体可以分析投资风险和信用风险。它们能够处理大量历史交易数据,识别潜在的风险模式,并预测市场趋势。例如,智能体可以在贷款审批过程中评估申请人的信用历史、银行流水,以及消费行为,从而做出更准确的信用评级和贷款决策。这种自动化的风险评估不仅减少了人力成本,也提高了决策的速度和准确性。

- **算法交易**:智能体在算法交易中扮演着核心角色,它们能够在毫秒级别内执行复杂的交易策略。智能体通过实时分析市场数据,自动执行买卖订单,以达到最优的交易效果。智能体的应用使得交易更加高效和精确,增强了市场的流动性和稳定性。

- **客户服务与互动**:在提供金融服务的过程中,智能体通过聊天机器人为客户提供 24 小时的咨询服务。这些机器人能够处理常见的客户问题,例如账户余额查看、交易记录查询、即时交易执行等,同时也能提供像财务规划这样的复杂建议。

- **反欺诈与合规性**:智能体在检测欺诈行为和确保金融活动合规性方面也显示出了巨大潜力。通过持续监控交易模式和进行行为分析,智能体可以及时发现异常交易,预防潜在的欺诈行为。同时,智能体还可以确保金融机构的操作符合国家和国际的法规要求,避免高昂的合规成本和法律风险。

- **财富管理与投资咨询**:在个人财富管理和投资咨询领域,智能体可以提供个性化和高效率的服务。它们能够分析客户的财务状况、投资偏好和风险承受能力，提供定制化的投资组合和策略。随着学习的深入，智能体还可以不断调整策略来适应市场变化和客户需求的变动，帮助客户实现财务目标。

在 2024 年 5 月 24~25 日举行的第七届数字中国建设峰会上，蚂蚁集团宣布将其多智能体框架 agentUniverse 正式开源。这是金融领域首个开源的多智能体技术框架，它的核心特性包括多智能体协作编排组件，允许开发者自定义多智能体的协作模式。该框架旨在加速大模型技术在金融应用场景中的研发和实施。

智能体的这些应用正在推动金融行业向更高效、更安全、对客户更友好的方向发展。

6.10 科学研究——科学边界的拓宽者

科研领域是追求知识和创新的一线阵地，智能体的应用给这个领域带来了变革。从数据分析到实验设计，再到结果验证，智能体提供了前所未有的效率和精度。

- **数据分析与模式识别**：在科研中，数据分析是基本而且关键的一环。智能体能够处理和分析大规模科研数据集，识别其中的模式和趋势。例如，在生物信息学中，智能体可以分析复杂的基因序列数据，快速识别与疾病相关的基因变异；在天文学中，智能体能够从庞大的天体观测数据中识别出新的星体或计算星体运动轨迹。

- **实验设计与自动化**：智能体可以基于现有的科研知识库和前人的研究自动设计实验，预测实验结果，从而帮助科学家做出更合理的实验安排。此外，智能体还能控制实验设备，自动进行实验操作，减少人为错误，提高实验的重复性和精确性。例如，在化学合成中,智能体能根据目标化合物自动设计合成路线并执行实验操作。

❑ **结果验证与假设测试**:智能体在结果验证和假设测试过程中也显示出了巨大的潜力。通过对实验数据的深入分析,智能体可以验证科学假设的正确性,甚至提出新的假设。在物理学中,智能体可以帮助科学家分析粒子碰撞实验的数据,验证物理理论;在医学研究中,智能体能分析临床试验数据,快速确定药物的效果和副作用。

❑ **跨学科研究**:智能体在促进跨学科研究中起到了桥梁的作用。它们可以整合不同领域的研究方法和数据,发掘这些领域之间未被发现的联系。例如,智能体可以将生物学的研究方法应用于环境科学,帮助科学家更好地理解生态系统的复杂性;或者将物理模型应用于经济学,提出新的经济预测模型。

❑ **研究发表与知识共享**:智能体还能协助科研人员进行研究发表和知识共享。智能体可以帮助科学家撰写研究论文,自动整理参考文献,甚至在多个科研数据库中进行文献搜索和整合。此外,智能体还可以在科研社区中自动分享研究成果,促进科研成果的快速传播和应用。

说到科研领域,就不得不提 DeepMind 的 AlphaFold。这一模型不仅能够预测单个蛋白质的三维结构,还能准确预测蛋白质与核酸、小分子等其他生物分子的相互作用结构。AlphaFold 3 的强大功能为疾病研究、基因组学、治疗靶点发现、蛋白质工程和合成生物学等领域提供了新的视角,并有望颠覆传统的药物研发模式。此外,它还能处理多种类型的输入,而且大部分功能对科研工作者免费开放,极大地推动了科学研究的进展。

智能体在科研领域的应用正逐步开启新的研究方法和范式,它们不仅加速了科学发现的进程,还提高了研究的精确性和效率。

6.11 音乐——创新的交响曲

音乐，作为一种普遍的文化和情感表达方式，正在经历由 AI 技术带来的变革。从词曲创作和演奏到音乐推荐和分析，智能体的应用不仅增强了音乐的创造力和普及性，还改变了我们消费音乐的方式。

❑ **自动编曲**：智能体在音乐创作中的应用已经越来越广泛。通过学习大量音乐作品，智能体能够掌握不同的音乐风格和理论，自动生成旋律、和声和节奏。这种技术不仅能帮助经验丰富的音乐家探索新的创意，还能让没有音乐背景的人轻松创作音乐。例如根据设定的风格和情感，创作出符合特定主题的音乐作品。

❑ **音乐表演与虚拟艺术家**：智能体不仅改变了音乐创作的过程，还在音乐表演中扮演着越来越重要的角色。虚拟歌手和乐队，由智能体驱动，可以进行实时表演，甚至与现场观众互动。这些虚拟艺术家能够不断地学习和适应观众的反应，调整其表演风格和内容，提供个性化的娱乐体验。

❑ **音乐推荐系统**：在音乐流媒体服务中，智能体通过分析用户的听歌历史、搜索习惯和收藏偏好，提供个性化的音乐推荐，预测用户可能喜欢的新歌或艺术家，增强了用户体验并提升了用户黏性。

❑ **音乐分析与音乐治疗**：智能体还被用于音乐分析和音乐治疗领域。在音乐分析中，智能体可以分析学生的演奏，提供即时反馈和改进建议，帮助学生更有效地学习乐器。在音乐治疗中，智能体可以根据患者的心理状态和反应，自动调整音乐的类型和播放方式，以达到治疗效果。

智能体在音乐领域的应用正在不断拓展和深化，它们不仅使音乐创作和表演的门槛降低，也为音乐行业带来了新的商业模式和市场机会。

6.12 旅行——旅行攻略小助手

智能体技术的出现不仅仅简化了旅行中的预订过程，还能提供个性化的旅行体验、优化行程安排以及提升客户服务质量。

- ❑ **个性化旅行规划**：智能体能够通过分析旅行者的过往行程、偏好和反馈，提供个性化的旅行建议和定制行程。这包括航班选择、酒店预订以及旅行地点的推荐。例如，智能旅行助手能根据用户的预算、时间和兴趣点，自动规划出最优的旅行路线，并预订所有必要的服务，从机票到当地体验，无须旅行者亲自搜寻和比较。

- ❑ **实时旅行助手**：智能体作为实时旅行助手，能够在旅行过程中提供即时信息和支持。它们可以通过手机应用或其他便携式设备，提供航班状态更新、延误预警、天气信息以及紧急事件通知。此外，智能体还能够帮助解决旅途中遇到的问题，例如航班取消后的重新预订，或者提供替代交通工具的建议，让旅行者可以从容地享受旅程。

- ❑ **语言翻译与文化适配**：智能体在跨文化交流中发挥着重要作用。它们可以实时翻译不同的语言，帮助旅行者与当地人沟通，无论是在餐馆点餐还是在市场讨价还价。此外，智能体还能提供文化提示和礼仪建议，帮助旅行者更好地融入当地环境，避免文化冲突。

- ❑ **旅行安全与健康管理**：智能体能够根据旅行目的地的公共健康和安全信息，提前提醒旅行者进行疫苗接种或携带必要的药品。在旅行中，智能体还能监测旅行者的健康状况，提醒他们注意休息和补充水分，确保旅程顺利进行。

在第 14 个中国旅游日，全国首个专注于文化和旅游行业的大模型——"海淀文旅大模型"及其配套的游客服务智能体，正式投入使用。游客可以享受到由人工智能提供的完整服务链，包括旅行前的行程规划、旅行中的个性化讲解服务，以及旅行后的分享辅助等。这一智能体是基于北京市海淀区在文旅领域积累的十年智慧旅游服务和数字资源，并通过持续的人工智能训练优化而开发的，堪称海淀文旅的全能专家。

智能体的这些应用正在彻底改变我们的旅行方式，使旅行不仅更加便捷和安全，而且更加个性化和有意义。随着技术的进一步发展，未来的旅行将更多地依赖智能体来提供无缝的、全方位的服务，为旅行者创造无与伦比的体验。

6.13 客户支持——24 小时全天候客服

在竞争激烈的商业环境中，卓越的客户支持服务是企业脱颖而出的关键。智能体在客户支持领域的应用不仅提高了服务效率，也提升了客户满意度和忠诚度。

- ❑ **聊天机器人与自动化响应系统**：智能体最广泛的应用之一是作为聊天机器人，提供全天候即时响应服务。这些聊天机器人可以理解客户查询并提供快速准确的回答。它们能处理从简单的账户查询到复杂的技术支持问题，这大幅度地减轻了人工客服的负担。此外，智能体还可以根据客户的行为和偏好不断学习和优化，提供更加个性化的服务。

- ❑ **知识库管理与信息检索**：智能体在管理庞大的知识库和快速检索相关信息方面也显示出了巨大的优势。它们可以即时访问更新的数据库，为客户问题提供最新的解决方案和信息。这不仅提高了回应的准确性，还确保了所有客户都能获得一致的服务体验。智能体还能根据客户的反馈和解决问题的成功率，自动更新知识库，持续提升服务质量。

❑ **情绪识别与处理**：智能体的能力还包括情绪识别，它们可以通过分析客户的文字或语音输入，识别客户的情绪状态。这使得智能体能够调整其响应方式，以适应客户的情绪，例如在客户感到愤怒时提供更柔和的回答。这种情绪处理可以显著提升客户的满意度，让机器人服务更加人性化。

❑ **跨渠道客户支持整合**：随着智能体技术的发展，它们越来越能够在多个通信渠道之间提供无缝的客户支持服务，例如官方网站、电子邮件、社交媒体、电话等。智能体可以追踪客户在不同渠道的互动历史，提供连贯且一致的服务体验。这种整合能力确保了无论客户选择哪个渠道进行联系，都能得到及时和准确的帮助。

❑ **预测性客户服务**：智能体能够预测客户可能遇到的问题，并主动提供解决方案。例如，如果智能体检测到某个产品的错误率增高，它可以自动向所有受影响的客户发送通知，并提供修复指南或安排维修服务。这种预测性服务不仅减少了客户的不便，还提升了企业的信誉和客户的忠诚度。

智能体在客户支持领域的应用正在改变企业与客户的互动方式。通过自动化处理常见问题，提供个性化和情感智能的互动，以及实现服务的实时和预测性支持，智能体显著提高了客户服务的效率和质量。

6.14　人力资源——智能招聘与管理

人力资源管理是企业运营中的关键组成部分，涉及招聘、培训、员工满意度和留存等多个方面。智能体能够通过自动化复杂任务和提供数据驱动的建议，帮助 HR 更高效地管理人才资源。

- ❑ **自动化招聘与筛选**：智能体可以分析大量的简历数据，快速识别符合职位要求的候选人。此外，智能体还能够进行初步的视频或文本面试，评估候选人的语言能力和专业知识，从而筛选出最合适的候选人进入下一轮面试。
- ❑ **员工培训与发展**：智能体能够根据员工的工作表现、学习速度和职业兴趣定制个性化的培训计划。智能体可以通过交互式学习平台提供在线课程和模拟实践，使员工能够在实际工作中快速应用新技能。此外，智能体还能够监控员工的学习进度，提供即时反馈和建议，帮助员工持续进步。
- ❑ **员工绩效评估**：智能体为员工绩效评估提供了一种客观、数据驱动的方法。通过分析员工的工作数据、项目完成情况和同事反馈，智能体可以生成详细的绩效报告。这种方法不仅减少了主观偏见的影响，还能帮助管理者准确地识别员工的优势和可改进领域，从而制订更有效的发展计划和激励措施。
- ❑ **员工福利与健康管理**：在员工福利管理方面，智能体能够根据员工的需求和反馈，提供定制化的福利方案。例如，智能体可以管理健康保险计划，提供定制的健康建议，甚至预测潜在的健康风险。此外，智能体还能通过分析员工的满意度调查和反馈，帮助 HR 部门改善工作环境和员工关系。
- ❑ **预测分析与人才留任**：智能体通过预测分析帮助企业预见未来的人才需求和潜在的员工流失风险。通过分析历史数据和市场趋势，智能体可以预测哪些职位可能会出现缺口，哪些员工可能会考虑离职。这使得 HR 部门可以提前采取行动，例如调整薪酬福利、提供职业发展机会或改善工作条件，以吸引和留住关键人才。

智能体在人力资源领域的应用正在帮助企业构建更加高效和人性化的工作环境。随着技术的不断发展和完善，智能体将继续在优化人才管理、提升员工满意度和提高组织效率方面发挥重要作用。

6.15　制造和供应链——效率的极致追求

在全球化的经济环境中，制造和供应链管理的效率直接影响到企业的竞争力。自动化和智能化的解决方案可以提升生产效率和供应链透明度。

- ❑ **智能制造系统**：在现代制造业中，智能体可以控制和优化生产线。这些系统通过实时数据分析来调整生产过程，例如自动调节机器参数以最大化产出或保证产品质量。智能体还能预测设备故障，实施预防性维护，减少停机时间。通过与制造执行系统（MES）和企业资源计划（ERP）系统的集成，智能体能够提供端到端的生产透明度，实现资源的最优分配。

- ❑ **供应链优化**：智能体在供应链管理中的应用涵盖从需求预测到库存管理、从物流优化到供应商管理等多个方面。智能体通过分析历史销售数据、市场趋势和季节性变化，精准预测产品需求，帮助企业制定更有效的库存策略。此外，智能体还可以实时跟踪货物流动，优化运输路线，减少物流成本，提高配送效率。

- ❑ **自动化仓库管理**：在仓库管理方面，智能体可以控制自动化仓库系统，例如自动导向车（AGV）和无人叉车，以高效地执行存储和检索任务。这些智能系统能够自动识别最优存储位置和拣选路径，减少人工操作错误，提升仓库作业的速度和精确度。通过实时监控库存水平，智能体还能自动触发补货，确保供应链的连续性。

- ❑ **质量控制与追溯**：通过部署在生产线上的传感器和视觉识别系统，智能体可以实时监控产品制造过程，及时识别质量问题，并自动从生产线中剔除不合格产品。此外，智能体还能够追踪每一个产品的制造和销售历程，增强供应链的透明度，提高产品召回的效率和准确性。

❑ **持续改进与创新**：智能体技术的应用还推动了制造和供应链领域的持续改进与创新。通过收集和分析大量数据，智能体不仅能够识别现有流程中的瓶颈和改进点，还能提出新的生产工艺和供应链策略。这种基于数据驱动的创新进一步增强了企业的市场竞争力。

智能体在制造和供应链领域的应用正在彻底改变这些行业的运作方式。通过自动化复杂任务，智能体技术帮助企业实现了更高的操作效率和更强的市场适应性。

6.16　政府和市政服务——公共服务的新方式

政府和市政服务是社会运作的基础，涉及公共安全、交通管理、环境监控、健康服务等很多方面。智能体技术的引入为提升公共服务的效率和质量带来了巨大潜力。

❑ **交通管理和优化**：智能体在交通管理系统中发挥重要作用，通过实时数据分析智能调控交通信号灯和路线规划，减少交通拥堵，提高交通安全。例如，智能交通系统可以根据车流量自动调整信号灯周期，或者在大型活动期间和高峰时段提供动态的交通导航，减少城市拥堵。

❑ **环境监测和管理**：智能体能够实时收集和分析空气质量、水质、噪声和辐射等数据。这些数据可帮助政府部门及时了解环境状况，并采取措施应对污染和其他环境问题。例如，智能体可以预测有害气体泄漏或异常污染事件，并及时发出警告，从而确保公共安全并保护环境。

❑ **公共安全与紧急响应**：在公共安全领域，智能体通过监控城市监控系统，使用图像识别技术实时分析视频数据，识别可疑行为，预防犯罪。同时，智能体在紧急响应和灾害管理中也非常关键，能够快速分析紧急情况（例如自然灾害），协调救援资源，优化救援路线，提升救援效率和效果。

❑ **健康公共服务**：智能体在健康公共服务领域的应用包括疾病监测和健康数据管理。通过收集和分析来自医疗机构的健康数据，智能体能够追踪疾病传播趋势，预测可能的健康危机，帮助政府采取预防措施。此外，智能体还可以提供基于人群健康数据的个性化健康建议和公共卫生信息。

❑ **公共服务自动化**：智能体在提高政府服务效率方面起着重要作用，尤其是在服务自动化和民众互动方面。政府部门可以利用智能体技术提供自助服务平台，使市民能够轻松访问各种服务，例如在线办理执照、缴纳税费、申请福利等。智能体还可以处理大量的咨询请求，提供即时响应，改善民众的服务体验。

智能体在政府和市政服务领域的应用正在推动公共服务向更高效率、更高质量、更加透明和公平的方向发展。未来，智能体将继续在提升城市管理的智能化水平、增强公共安全和优化居民生活方面发挥重要作用。

6.17　企业管理——提升决策效率与执行力

在现代企业管理中，智能体技术正成为提升效率、优化决策和增强竞争力的关键工具。智能体通过自动化日常操作、提供数据驱动的洞察以及改善客户和员工体验，正在重塑企业运作的各个方面。

❑ **自动化工作流程**：智能体在自动化企业的日常工作流程中扮演着重要角色。它们能够处理大量的重复性任务，例如数据录入、报告生成和常规审计等，在提高工作效率的同时也减少了人为错误。例如，智能体可以在财务部门自动匹配发票和付款记录，或者在人力资源部门自动更新员工记录和处理假期申请，使员工从烦琐的任务中解脱出来，专注于有更高价值的工作。

❑ **数据分析和决策支持**：智能体可以通过高级数据分析能力提供关键的商业洞察，辅助决策制定，并可以从庞大的数据集中提取趋势、预测市场变化，为管理层提供实时的、精确的决策支持。在市场营销领域，智能体可以分析消费者行为数据，优化广告投放策略，提升客户转化率。

❑ **风险管理与合规性**：智能体在识别潜在风险和确保企业合规性方面发挥着重要作用。通过持续监控和分析企业操作的各个方面，智能体能够预测并警示潜在的法律、财务和运营风险。此外，智能体可以帮助企业始终符合最新的行业规范和法规要求，避免高昂的罚款和法律诉讼。

智能体在企业管理领域的应用正在引领一场管理实践的变革，使企业能够以更高的效率和更低的成本实现目标。

6.18 结语

AI 和智能体技术正带领我们走进一个效率、精确度和客户体验都达到前所未有的高度的时代。无论是处理日常任务的个人助理，还是推动科学发现的研究工具，智能体在逐步成为我们社会和经济结构的核心组成部分。通过深入了解这些智能体的应用场景，我们不仅能够预见它们将如何进一步影响我们的工作和生活，也能做好准备在这波智能化浪潮中乘风破浪，掌握未来的主动权。随着技术的不断进步，智能体将继续扩展其能力边界，带来更多创新和变革，让我们的世界变得更加智能。

第7章　智能体的挑战与未来趋势
——风险与机遇并存

随着智能体技术的日益成熟，我们已经能够预见到它将如何深刻改变各行各业。智能体正逐步突破现有的限制，向着更加智能和自主的方向发展。然而，随之而来的挑战也同样严峻，涉及技术、伦理以及社会各个层面。在本章中，我们将探讨智能体当前面临的挑战，以及未来的发展趋势。

7.1　现有挑战

7.1.1　技术挑战

随着智能体在各行各业的广泛应用，它们的能力和智能程度正在持续提升。从文本生成到复杂决策支持，智能体正变得越来越强大。然而，这种迅猛的发展也带来了不少技术挑战。这些挑战不仅测试着当前技术的极限，也塑造着未来智能体的发展方向。理解这些挑战是预测和塑造未来智能体应用的关键。

1. 大模型能力

像GPT这样的大模型已在文本生成和理解方面取得显著的成就，然而它们依然存在着很多不足和挑战。

❑ **上下文长度限制**：基于 Transformer 的大模型面临着上下文长度的限制。这主要是因为 Transformer 的自注意力机制需要处理并理解输入中每个部分的信息，当输入非常长时，这个过程的计算量会大幅增加，导致需要更多的计算资源，从而限制了模型处理长文本的能力。

❑ **模型泛化能力**：模型泛化能力是指模型处理未见过的新数据的能力。一个具有良好泛化能力的模型能够在新的、未知的数据上也表现良好，而不仅仅是在用于训练模型的数据上表现优异。然而，提高模型的泛化能力是一个重要但困难的挑战，尤其是在复杂和大规模的模型中。

❑ **输出稳定性**：随着模型变得越来越大，它们处理数据的方式也变得越来越复杂。这就带来了一个问题：同一个模型在不同时间或面对略有差别的输入时，可能给出不同的结果。例如，在医疗诊断这样对结果的精确度要求极高的领域，这种结果的不一致性是不能接受的。

❑ **对抗稳健性**：对抗稳健性是指一个模型能否抵御那些故意制造的、微小的输入数据变化，这些变化的目的是欺骗模型，使其做出错误的判断。随着智能体越来越多地被用于安全敏感的领域，例如金融服务或个人数据保护，它们抵抗这种攻击的能力变得极其重要。简单地说，对抗攻击就像是给模型出难题，通过不易察觉的方式改变输入数据，但足以让模型做出错误的反应。例如，对交通标志的图像进行轻微修改，可能导致自动驾驶汽车无法正确识别交通标志。

❑ **可解释性**：随着模型规模的扩大，其内部机制变得越来越难以理解。这种"黑盒"性质使得即使是模型的开发者也难以解释模型的具体行为。这对于医疗、法律等需要高透明度和可解释性的领域来说是一个严重的限制。

❑ **持续学习**：大模型通常在一个静态的数据集上进行训练。但现实世界是动态变化的，一个有效的智能体需要能够适应环境的变化。如何使大模型具备持续学习能力和适应性，以便应对新的数据和场景，目前仍是一大挑战。

2. 外部工具/框架

智能体的高效运行依赖于与外部工具和框架的无缝整合。这些工具和框架不仅提供了技术的基础架构，还影响着智能体的性能、可扩展性和适用性。然而，它们也带来了一系列挑战，需要开发者、研究人员乃至技术应用者共同面对和应对。

❑ **兼容和集成**：智能体系统往往需要集成多个外部工具和框架以实现其功能（示意如图 7.1 所示）。这些工具可能由不同的开发者或公司创建，使用不同的编程语言编写，有着不同的操作系统要求或依赖特定的硬件。这种多样性虽然促进了技术的丰富性，但同时也带来了兼容性问题。例如，一个智能体可能需要同时调用自然语言处理工具和图像识别框架，但这两者在数据处理方式、调用接口或响应时间上可能存在差异，导致集成困难。

❑ **性能限制**：外部工具和框架的性能直接影响智能体的响应速度和处理能力。在某些情况下，即使智能体的内部模型非常先进，其性能也可能因为所依赖的外部框架的处理速度慢而受到限制。此外，当智能体需要实时或近实时地做出反应时，外部工具的延迟问题尤其突出。

❑ **更新和维护**：技术的发展意味着外部工具和框架需要不断的更新和维护。这不仅要求开发者持续关注最新的技术动态，还需要定期对智能体系统进行升级和优化。这种持续的技术追踪和系统维护不仅是时间上的挑战，也是技术上的挑战。

图 7.1　智能体需要外部工具

3. 多模态能力

多模态涉及智能体同时处理、理解并融合多种类型的数据的能力。这种能力极大地增强了智能体的理解和交互能力，但也带来了不少技术挑战和实际应用挑战。

- ❑ **数据的异质性**：多模态学习的首要挑战是处理不同模态数据的异质性。每种类型的数据都有其独特的数据结构和特性。例如，文本数据是序列化的，图像数据是二维的，而声音数据是时间序列数据。智能体需要有效地处理这些结构上的差异，并从中提取有用信息，示意如图 7.2 所示。这不仅需要复杂的数据预处理方法，还需要智能体能够理解和处理不同模态数据的不同特征。

图 7.2 智能体需要理解多种模态数据

□ **特征融合的复杂性**：在多模态学习中，如何将不同模态的特征有效融合是一个技术难题。简单地将特征拼接并不能充分利用多模态数据的潜力。有效的融合策略需要智能体不仅能识别每种模态中的有用信息，还要能理解这些信息之间的关系。例如，在处理视频中的语音和图像时，智能体需要识别语音与图像内容之间的同步和互动，这要求算法能够在多个层面上进行信息整合。

□ **训练数据的获取和标注**：多模态模型的训练通常需要大量的标注数据。获取这样的数据不仅成本高，而且标注过程复杂，尤其是当涉及多种数据类型时。例如，对视频内容进行标注，需要标记视觉信息、听觉信息和可能的文本信息。此外，不同模态数据的标注标准和精确度可能不一致，这进一步增加了训练高质量多模态智能体的难度。

❑ **计算资源的需求**：多模态智能体由于需要同时处理多种类型的数据，因此对计算资源的需求往往比单一模态的智能体要高得多。这包括更大的内存需求、更强的处理能力和更复杂的数据存储需求。对于资源有限的应用环境，如何优化模型以在有限的资源下运行是一个关键问题。

4. 记忆机制

记忆机制是智能体中一个复杂而重要的组成部分，它的优化和改进对于提升智能体的智能水平和实用性至关重要。然而，实现有效的记忆机制并不容易，它涉及多个层面的技术挑战。

❑ **短期记忆与长期记忆的平衡**：智能体需要在短期记忆和长期记忆之间找到平衡。短期记忆使智能体能够迅速响应环境变化，而长期记忆则帮助智能体学习复杂的模式和策略。挑战在于如何设计一个记忆系统，既能迅速适应新的情况，又不会忘记对长期目标有帮助的关键信息。

❑ **存储与检索效率**：智能体需要能够高效地存储大量信息，并在需要时迅速、准确地检索出相关信息。这不仅要求有高效的数据存储结构，还需要复杂的算法来优化检索过程。例如，如何避免检索过程中的信息过载，确保智能体能在众多记忆中迅速找到最相关的信息，是一个关键挑战。

❑ **更新机制**：随着环境的不断变化，智能体的记忆也需要不断更新以保持其时效性和准确性。如何设计有效的记忆更新机制，既能保留重要的旧记忆，又能及时学习新的知识，是一大挑战。这涉及记忆的权重分配问题，即如何判断哪些记忆应被强化，哪些应被淡化或遗忘。

❑ **安全性和隐私保护**：实现记忆功能时，还必须考虑安全性和隐私保护。智能体存储的记忆可能包含敏感数据，如何防止这些数据遭受未经授权的访问或恶意利用，是必须解决的问题。此外，智能体的记忆可能会被用于个性化服务，这又涉及用户隐私的问题，智能体需要在提供个性化体验和保护用户隐私之间找到平衡。

❑ **跨任务和跨领域的记忆迁移**：智能体在特定任务或领域中积累的记忆如何迁移到新的任务或领域，也是一个重要的研究方向。记忆迁移能够极大地提高智能体的学习效率和适应性，但如何确保迁移过程中记忆的相关性和适用性，避免迁移不当造成的性能下降，是技术上的一个挑战。

5. 任务规划能力

任务规划是智能体技术中的一个核心能力，它使得智能体能够自主地设计行动步骤，以达到预定的目标。这不仅涉及对当前环境的准确理解，还包括对未来行动可能结果的预测。示意如图 7.3 所示。尽管这一能力极大地推动了智能体的发展，但它也面临诸多挑战。

❑ **复杂环境的动态适应**：智能体进行任务规划时，必须能够适应不断变化的环境条件。这一点在动态和不可预测的环境中尤为重要，例如自动驾驶车辆在复杂交通中的导航。智能体需要实时接收外部信息，并快速调整其行动计划以应对突发事件。这要求智能体具有极强的环境感知能力和即时决策能力。

❑ **长期目标与短期目标的平衡**：在任务规划中，智能体需要在追求短期目标和长远目标之间找到平衡。例如，一个为减少能源消耗而设计的智能家居控制系统必须决定何时为了节约能源而牺牲一时的舒适，或者何时投入更多资源以确保长期的节能效益。这种决策通常涉及复杂的优化问题和权衡，智能体需要能够处理这些复杂的决策过程，并做出最优选择。

- **多任务并行处理的协调**：某些智能体常常需要同时处理多个任务，这就要求它们能够有效地协调这些任务，确保各任务之间不会相互干扰，同时又能共同推进总体目标的实现。例如，一个仓库机器人可能需要在搬运货物的同时避开正在清洁的区域。这不仅要求智能体有高效的任务分配策略，还需要有机制来动态调整任务优先级，以适应环境的实时变化。

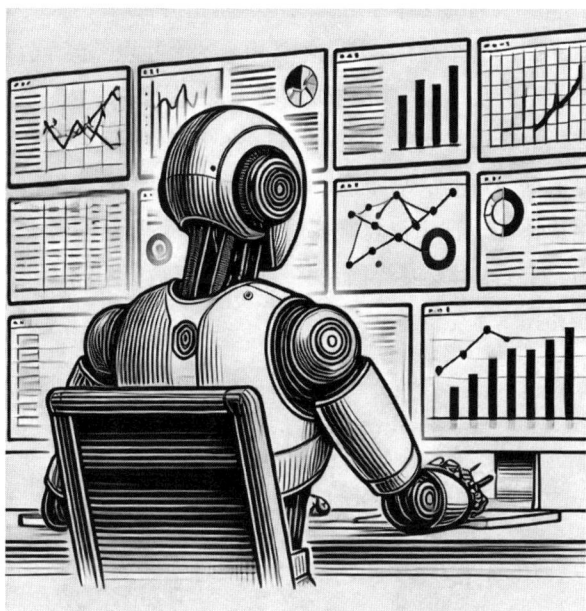

图 7.3　智能体需要强大的任务规划能力

6. 个性化

个性化使智能体能更好地理解和满足用户的独特需求，提供定制化的服务。然而，这种高度的个性化也带来了许多技术和伦理上的挑战。

❑ **数据的收集和处理**：个性化服务的基础在于大量的用户数据，
智能体需要通过分析这些数据来了解用户的偏好和需求。然
而，收集和处理这些数据面临着巨大的挑战，如数据质量的保
证、用户隐私的保护以及数据安全问题。例如，智能体如何确
保收集的数据能准确反映用户的真实需求，而不是偶然的、误
导性的信息？此外，智能体还需确保在收集和使用数据的过程
中遵守相关的法律和道德规范，防止侵犯用户隐私。

❑ **用户交互的个性化**：智能体与用户的交互也需要个性化，示意
如图 7.4 所示。这涉及智能体如何根据用户的个性和当前情境
选择最合适的交互方式。例如，在智能家居环境中，智能体需
要根据用户的情绪和偏好调整其语音和行为，以提供更舒适的
用户体验。这不仅要求智能体能够理解复杂的人类情绪和行
为，还要求其交互界面足够友好，能够适应不同用户的操作习
惯和技术水平。

图 7.4　智能体与用户的个性化交互

❑ **个性化与多样化的平衡**：在追求个性化的同时，智能体还需要保持服务的多样化，避免过度个性化。例如，在推荐系统中，智能体不仅要根据用户的历史行为进行个性化推荐，还需要避免陷入"信息茧房"。

7. 情感交互

在智能体技术的探索中，赋予机器情感理解和表达能力是一项充满挑战的前沿任务。这不仅可以使智能体更好地服务于人类，还能增强用户的使用体验，示意如图 7.5 所示。然而，将"情感"集成到智能体中涉及多方面的技术和伦理挑战。下面将深入探讨这些挑战，并尝试阐释如何有效地解决它们。

❑ **情感识别的复杂性**：智能体要想正确理解人类的情感状态，首先必须掌握高效、准确的情感识别技术。人类的情感极其复杂且多变，不仅包括基本的情绪，如快乐、悲伤，更有复杂的情绪，如讽刺、同情等。智能体需要通过语音、面部表情、身体语言等多种非语言信号来识别人类的情感，这对数据处理和模式识别算法提出了极高的要求。例如，微小的面部变化或声音的细微差别可能就代表着不同的情感状态。

❑ **情感合成的真实性**：在智能体表达情感时，如何保持情感的自然和真实性是一大挑战。机器生成的情感表达需要足够细腻和逼真，以便用户自然地接受和响应。这包括语音的语调与语速的调整、面部表情的生成，甚至是文字回复的情感色彩。智能体在进行情感合成时，必须避免产生机械或过度夸张的表达，这需要高度精细的设计和不断的优化。

❑ **适应性和个性化**：智能体的情感表达还应具备适应性并且个性化。不同的用户可能对相同的情感表达有不同的反应，智能体需要能够学习并适应每个用户的情感反应模式。例如，有的用户可能喜欢直接而明确的沟通方式,而有的用户则可能偏好更温和和委婉的表达。智能体必须能够识别这些差异,并调整自己的行为以更好地与不同的用户进行情感交流。

图 7.5 智能体与用户的情感交互

❑ **伦理和道德问题**:智能体在某些情况下可能需要模拟情感以满足用户需求,这可能会引发关于机器是否应该"欺骗"用户的情感的讨论。此外,智能体的情感表达如果过于逼真,可能会使用户过分依赖或产生错误的情感联结,这对用户的心理健康可能会产生影响。

面对这些多样化的技术挑战,从事人工智能研究和开发的专家正在不断地探索和创新,以求突破现有的限制。每一次的技术突破不仅完善了智能体的功能,也为其未来的可能性开辟了新的道路。继续攻克这些技术难题，将使智能体更加智能和可靠，更好地服务于人类社会的各个方面。

7.1.2 行业经验

在智能体技术的应用中，将智能体有效地整合到各个行业中是一大挑战。每个行业都有其独特的环境、流程和需求，智能体必须具备相应的行业知识和经验才能实现高效的服务。示意如图 7.6 所示。

- ❑ **行业知识的获取与整合**：智能体要在特定行业中发挥作用，首先需要掌握该行业的专业知识。这包括行业的基本操作、行业术语、相关法规以及市场动态等。在获取这些知识的过程中，智能体需要处理大量的行业文档和数据，这不仅要求智能体具有强大的学习和处理能力，还要能够理解和应用这些专业知识。

- ❑ **行业特定需求的理解**：每个行业都有其特定的需求和挑战，智能体需要能够准确理解并满足这些需求。例如，医疗行业需要高度的准确性和隐私保护，而制造行业可能更注重效率和成本控制。智能体必须能够适应这些不同的需求，并提供定制化的解决方案。

- ❑ **行业环境的适应性**：除了理解行业知识和需求，智能体还需要适应具体的行业环境。这可能包括特定的操作流程、工作场景以及与人类同事的协作。在这些环境中，智能体不仅要执行其任务，还要能够与环境中的其他系统和人员有效地交互和协作。

- ❑ **伦理和合规性问题**：在特定行业中，智能体还可能面临伦理和合规性的挑战。例如，金融服务行业对透明度和公正性有严格要求，而医疗行业则有复杂的伦理规范和法规。智能体需要确保其行为符合行业的伦理标准和法律要求，避免造成不良后果。

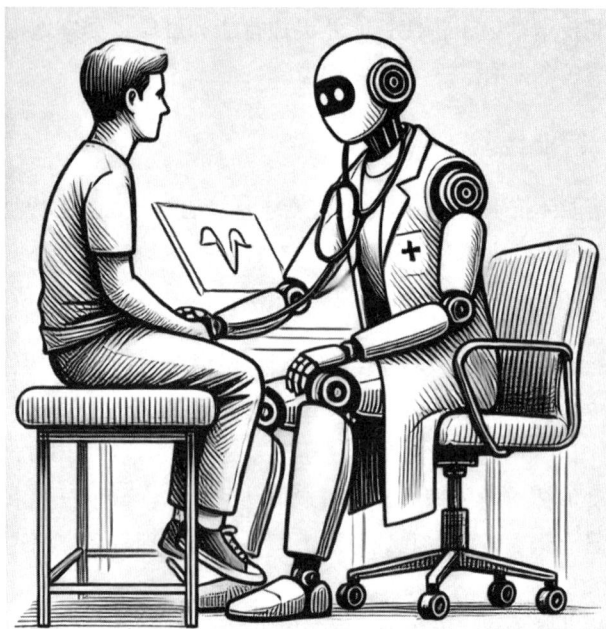

图 7.6　智能体需要行业经验

7.1.3　模拟环境与现实世界的差距

智能体在实验室中往往表现出色，但在现实世界中面临复杂和不可预测的环境时，往往表现得不尽如人意，示意如图 7.7 所示。模拟环境允许研究人员在完全控制的条件下测试算法和模型，而不必担心现实世界中的不可预测性和复杂性。然而，模拟环境与现实世界之间存在的差距往往是智能体应用面临的一大挑战。

❑ 简化和理想化的假设：模拟环境往往基于简化的条件来构建，这些模型可能忽略了现实世界中的一些关键因素，例如环境变化、随机事件和复杂的人类行为。这种简化虽有助于聚焦测试某些特定功能，但也可能导致智能体在真实世界中表现出不符合预期的行为。

图 7.7 在现实世界中执行任务挑战更大

□ **物理属性的模拟限制**：在物理世界中，对象的行为受到多种物理法则的约束，如重力、摩擦力和流体动力学。尽管现代模拟技术已相当先进，但依然难以精确复制所有这些细微的物理交互，特别是在复杂或极端条件下。

□ **感知系统的差异**：智能体在模拟环境中使用的感知系统可能与现实世界中的设备有所不同。这种差异可能导致智能体在现实世界中无法准确地解释感知数据。

7.1.4 评估

评估智能体的性能和效果是确保其实用性和安全性的关键步骤。然而，由于智能体的复杂性和多样性，有效地评估它们在真实世界中的表现面临众多挑战。

- ❑ **评估标准的多样性**：智能体的应用领域广泛，从工业自动化到个人助理，每个应用对性能的要求各不相同。这导致了评估标准的多样性，挑战在于如何为不同的应用场景设定合理、有效的评估标准。

- ❑ **测试环境的构建**：为智能体创建一个全面且真实的测试环境是一个技术挑战。在实验室条件下模拟真实世界的复杂性不仅对技术有较高要求，而且成本高昂。

- ❑ **长期性能监测**：智能体的性能可能随着时间而发生变化，尤其是那些依赖于持续学习和适应的系统。持续监测智能体的性能变化，对于评估其长期可靠性和安全性至关重要。

- ❑ **伦理和合规性评估**：评估智能体的伦理和合规性是保证其社会接受度的关键。这包括其决策透明度、数据处理安全性以及对用户隐私的保护。

7.1.5　隐私和安全

随着智能体在个人生活和企业中的深入应用，如何保护用户数据的安全和隐私成了一个突出的问题。智能体往往需要处理大量的敏感信息，而任何安全漏洞都可能导致严重的信息泄露。此外，智能体的自主性也可能被恶意利用，进而对用户造成伤害。

- ❑ **数据隐私保护**：智能体在执行任务时，通常需要收集和处理用户的个人数据，包括位置、健康信息、个人习惯等敏感数据。如何确保这些数据的安全和用户的隐私权不被侵犯，是技术开发和应用中必须首先解决的问题。

- ❑ **网络安全威胁**：智能体常常依赖网络连接来执行任务和更新数据，这使得它们容易受到各种网络攻击的威胁，例如恶意软件、钓鱼攻击和拒绝服务攻击。

7.1.6 伦理和社会问题

随着智能体技术越来越多地融入日常生活和关键行业，它们带来的伦理和社会问题也日益突出。这些问题不仅影响技术的接受度和普及，还可能对社会结构和人类行为产生深远的影响。

- **自主性与控制**：智能体的自主性提出了伦理上的重要问题。智能体应该拥有多少决策权？在智能体做出可能影响人类利益的决策时，确保它们的行为符合人类的伦理标准和法律是至关重要的。

- **决策透明性**：智能体的决策过程需要足够透明，使得用户和监管者能够理解其决策逻辑并进行适当的监督。

- **责任归属**：当智能体的行为导致问题或造成损害时，如何确定责任并进行追责是一个复杂的问题。定义清晰的责任和控制机制是必需的。

- **偏见和歧视**：模型的学习算法通常依赖于大量的数据。如果这些数据存在偏见，智能体的行为也可能反映或加剧这种偏见，导致不公平或歧视，示意如图 7.8 所示。

图 7.8　智能体可能存在偏见

❑ **社会影响**：智能体技术可能改变就业市场，替代传统的职业，引发就业安全的担忧。同时，它们在提高生产力和创造新的就业机会方面也具有巨大潜力。

面对智能体面临的众多挑战，科学家、工程师和政策制定者需要携手合作，探索创新型解决方案和改进措施。通过提高模型的透明度、提升系统的安全性，并积极应对伦理和社会挑战，我们可以推动智能体技术向更加可靠和负责任的方向发展。同时，通过公共教育和政策引导，可以提高社会对这些先进技术的潜力及其挑战的认识，确保智能体技术的发展成果能够惠及所有人。未来的智能体将不仅仅是技术的展示，更将成为推动社会进步和提高人类幸福指数的关键力量。

7.2　未来趋势

智能体的未来充满了无限的可能性和挑战。智能体正引领着一场深刻的变革，不仅仅改变了机器的工作方式，也重新定义了人们与技术的互动。随着硬件能力的提升和算法的创新，未来的智能体将不再局限于执行简单的自动化任务，而是变成具备高度智能、能够进行复杂决策和学习的系统。

7.2.1　更强大的模型能力

随着计算能力的飞速发展和算法研究的不断进步，智能体的模型能力正在迅速增强。未来的智能体将拥有更高级的认知和处理能力，能够更加高效地解决复杂问题，并在更广泛的领域中发挥作用。

❑ **深度和复杂性**：未来的智能体模型将变得更加复杂，拥有更深层的结构和更大的参数量。这意味着它们能够进行更复杂的推理和学习。

□ **泛化能力**：未来智能体的一个关键趋势是提高模型的泛化和迁移能力，在一个领域学到的知识和技能能够快速应用到其他领域。

□ **安全性和隐私保护的强化**：随着模型能力的增强，安全性和隐私保护也将成为设计模型时的核心考虑因素。

7.2.2　更完善的智能体生态系统

未来的智能体生态系统将变得更加完善，更具协同性。这种生态不仅包括各种软件、智能设备和系统的互联互通，还涉及数据共享、智能合作以及跨平台功能集成等多个层面。

□ **智能体间的互联互通**：在未来的智能体生态系统中，各种智能体将能够无缝连接和交互，形成一个高度协同的网络。为实现智能体间的有效通信，人们将开发更多标准化的通信协议，确保信息传递的安全和高效。

□ **数据共享与隐私保护**：未来的智能体生态系统将通过更高效的数据共享机制来提升智能体的性能，同时加强对用户隐私的保护。

□ **跨平台功能集成**：未来的智能体生态系统将不受平台限制，能够跨设备和系统运行，实现真正的全场景智能化。

7.2.3　具身智能

具身智能的发展预示着智能体将更深入地与现实世界融合，示意如图 7.9 所示。具身智能让智能体通过"身体"交互来实现高级认知功能，这一理念正在推动智能体从纯数字实体向物理实体的转变。

□ **多模态感知能力**：具身智能系统将集成更先进的多模态感知技术，例如视觉、听觉、触觉甚至嗅觉传感器，这将使智能体机器人能更全面地理解并适应其环境。

- **人机协作**：未来具身智能系统将能更自然地与人类协作，而无须人类适应机器的操作方式。这将涉及改进语言处理方式，以及更加人性化的行为模式设计。
- **自主学习和适应能力**：具身智能系统将在真实世界中持续学习与适应。这包括从经验中学习、从错误中恢复，以及优化其行为以适应动态变化的环境条件。
- **跨学科融合创新**：具身智能的发展将促进计算机科学、机械工程、认知科学、材料科学、生物学等多个学科的融合。这种跨学科的合作将推动新材料、新设计原理和新制造技术的诞生。

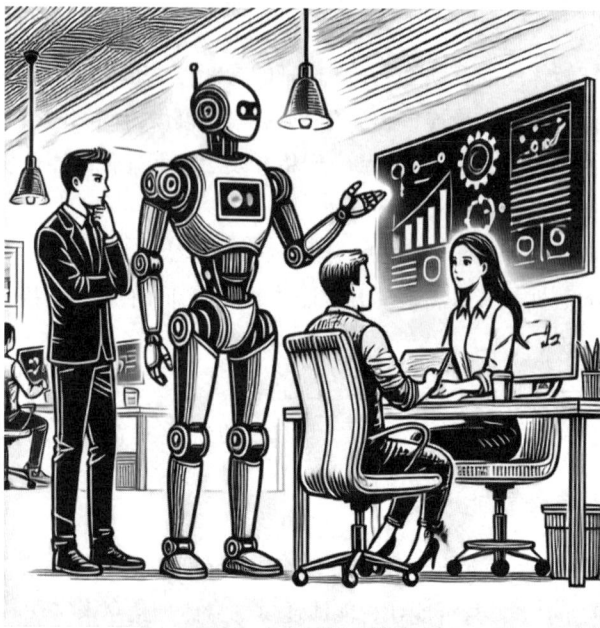

图 7.9　具身智能机器人可以更好地融入现实世界

7.2.4　多模态和跨模态

多模态和跨模态的能力是未来智能体发展的关键趋势之一。这些能力使得智能体可以更全面地理解和处理多种类型的信息，从而在各种复杂环境中更有效地工作。

- **更多的模态**：未来的多模态智能体将不仅限于处理文本、图像和声音这些传统感官数据，还将包括更多种类的模态，例如触觉、嗅觉、味觉等。示意如图 7.10 所示。这种多模态扩展将使智能体能够在食品工业、环境监测和医疗健康等特定领域提供更专业的服务。

图 7.10　未来智能体可以处理多种模态数据

- **跨模态**：未来的智能体将不仅能够处理多种模态的数据，还能在更深层次上融合这些数据，发现不同模态数据之间的联系，产生全新的洞察。未来的智能体将能够利用跨模态数据处理技术，从一种模式的输入直接生成另一种模式的输出，从而提供更加丰富和互动的用户体验。

❑ **多模态交互**：目前人类和智能系统的交互主要是靠文本，未来的智能体将会理解人类的多种输入方式，例如手势、面部表情等，并且能以更自然和动态的方式进行反馈。这种交互的发展将依赖于高级算法的创新，这些算法能够同步处理和解释来自不同感官的数据，并生成协调一致的响应。

7.2.5　手机/计算机融入智能体

智能体与手机和计算机的融合是未来技术发展的重要趋势，它将使我们的日常设备变得更加智能和个性化，示意如图 7.11 所示。

❑ **无缝集成**：用户期望技术解决方案能够无缝集成到他们的日常生活中，智能手机和计算机作为最常用的设备，成为实现这一需求的理想平台。

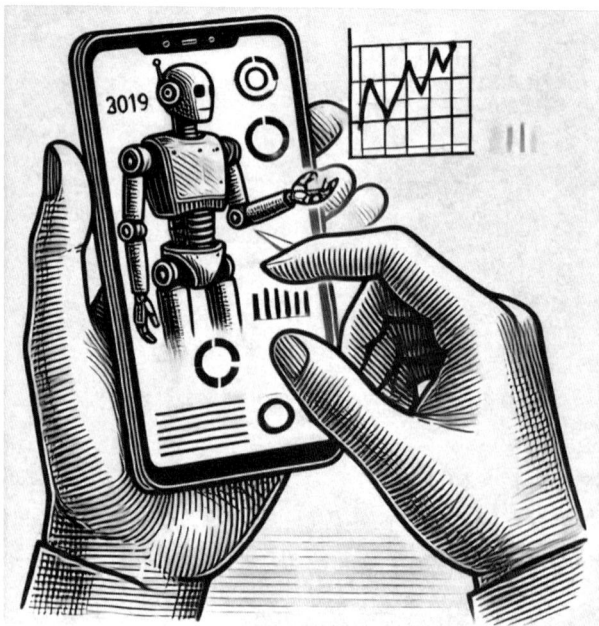

图 7.11　未来智能体将融入手机

- ❑ **个性化体验**：作为日常高频使用的设备，手机和计算机将是智能体学习用户的偏好和行为模式的最佳工具。所以融入手机和计算机的智能体将能够提供更加个性化的服务和内容，增强用户体验。

- ❑ **云计算与边缘计算**：这样的融入也对云计算和边缘计算的性能提出了更高的要求。云计算提供强大的数据处理能力，支持智能体的复杂计算需求。边缘计算则处理数据的本地化，减少延迟，提高响应速度。

7.2.6 操作系统革命

操作系统将经历一场革命，新一代的操作系统将天生具备智能体功能，甚至就是以智能体代替传统软件的形式出现。操作系统的革命将重塑我们与数字世界的互动方式，使之更加方便、高效和个性化。

- ❑ **操作系统的智能化**：未来的操作系统将内置更多智能功能，这些功能不仅仅局限于自动化简单任务，更能进行复杂的决策支持和预测分析。

- ❑ **人工智能的深度整合**：操作系统将不再是单一的软件层，而是可能成为深度整合 AI 模型和智能体的平台。例如，操作系统将默认集成高级智能助手功能，这些助手能进行复杂的交互、任务执行和任务协调，成为用户与操作系统交互的核心。

7.3 结语

随着技术的不断进步，智能体的未来看起来既光明又充满挑战。从更强大的模型能力到多模态和跨模态的深度整合，再到智能体与日常设备如手机和计算机的融合，我们正在步入一个更智能、更互联的世界。这些趋势不仅将极大地增强智能体的功能性，还将推动全新的应用场景和服务模式的诞生，从而提高个人和企业的生产效率，增强用户体验，并可能解决一些最紧迫的全球问题。然而，这也要求我们在创新的同时关注安全性、隐私保护以及伦理问题，确保智能体技术的发展得到妥善管理，造福社会。通过全球性的合作与标准制定，我们可以确保智能体技术在提高人类生活质量的同时，也能得到可持续和负责任的应用。